사람중심 희망의

공동체사회를 만들자

2007년 11월 12일 초판 1쇄 인쇄일
2007년 11월 16일 초판 1쇄 발행일

지은이 | 문국현 · 주종환 · 김형기
펴낸이 | 이성우

펴낸곳 | 도서출판 일빛
등록번호 | 제10호-1424호(1990년 4월 6일)
주소 | 121-837 서울시 마포구 서교동 339-4 가나빌딩 2층
전화 | 02)3142-1703~5
팩스 | 02)3142-1706
E-mail ilbit@naver.com

값 8,000원
ISBN 978-89-5645-125-1 (03430)

사람중심 희망의 공동체사회를 만들자

문국현 · 주종환 · 김형기 지음

일빛

차례

1장
창조한국의 기회와 과제 _ 문국현 전 유한킴벌리 대표이사

2장

사람은 무엇을 위해 살아야 하는가 _ 주종환 동국대 명예교수

2. 대안 없는 운동은 달 없는 사막이다_ 101

글머리에

사람중심 희망의 공동체사회를 만들자

우리는 지금 중대한 갈림길에 서있다.

첫째로 북미수교를 촉진시켜 민족의 화해와 협력을 바탕으로 평화와 번영의 미래를 개척하느냐, 아니면 반세기 이상 지속된 남북대결구도 아래서 막대한 군사비 지출로 민족의 역량을 계속 낭비하느냐를 선택해야 한다.

둘째로 그간 힘들게 추진해 온 우리 사회의 민주화와 평화정착과정을 '잃어버린 10년' 으로 깎아내리고 역사를 퇴행시키려는 세력이 만세를 부르도록 방관하느냐, 아니면 도도한 역사의 흐름을 이어받아 민족 민주 평화 개혁의 맥을 이어 위대한 한국 창조의 길로 들어서느냐라는 양자 택일의 기로에 서 있다.

셋째로 우리는 오랜 기간 지속된 군사정권이 유산으로 물려준 정경유착 구조 아래서 구조적으로 굳어져 있는 부패의 고리를 걷어내느냐, 아니면 구태의연한 부패의 쇠사슬 아래서 '유전무죄 무전유죄' '유전무세 무전유세' 로 상징되는 '부패 공화국' 의 오명을 씻어내는 기회를 상실하느냐라는 선택을 강요받고 있다.

넷째로 우리는 군사정권이 물려준 오랜 재벌의 지배체제 아래서

기진맥진한 상태로 방치되어 온 중소기업과 서민경제, 그리고 농민경제에 대해 활력을 불어넣어 힘의 균형을 되찾고, 모든 경제 주체가 민주주의의 근간인 기회 균등을 실현할 수 있도록 획기적인 정책전환을 이룩하느냐, 아니면 구태의연한 재벌 지배체제 아래서 중산층의 몰락과 사회의 양극화를 심화시켜 민주주의의 위기를 자초하느냐라는 선택의 기로에 서 있다.

다섯째로 우리는 고용 없는 재벌 위주의 성장정책을 지양하고 일자리의 절대 다수를 차지하는 중소기업, 서민경제, 농민경제, 복지부문 등에서 수백만 개의 일자리를 창출하여 노년실업과 청년실업을 획기적으로 줄임으로써 복된 경제사회 건설에 다가서느냐, 아니면 구태의연한 고용 없는 성장을 답습하느냐라는 중대한 선택의 기로에 서 있다.

여섯째로 모든 것이 돈을 기준으로 평가받는 금전만능의 신자유주의 지배 아래 모든 사람이 서로를 적대시하고 질시함으로써 사람 본연의 인간성과 도덕성을 내팽개친 돈의 노예로 전락한 삶을 계속하느냐, 아니면 사람의 본성인 공동체정신을 복원하고 이웃에 대한 훈훈한 사랑을 회복하여 "하나는 전체를 위하고, 전체는 하나를 위한다"라는 가족 원리가 가족과 직장과 지역 사회에 넘쳐흐르는 복된 사회 건설을 위해 나아갈 수 있는 계기를 마련할 수 있느냐라는 중대한 선택 앞에 우리는 직면해 있다.

저자들은 나라가 위기에 처했을 때 일신의 안일을 내팽개치고 감히 역사의 현장에서 목숨을 바친 선열들의 넋에 보답하고자 감히 진흙탕에 뛰어들고자 한다. 진흙탕에 뛰어든 사람을 멀리서 수수방관하면서 시민운동의 보루를 지킨다는 명분으로 독야청청의 자기만족에 빠져있는 시민운동가들과는 생각을 달리한다. 그러나 가는 길은 달라도 '공동체 정신'만 간직하고 있다면, 이들과 손을 마주잡고 '위대한 한국 창조'의 대열에 합류할 날이 반드시 오게 될 것을 기대한다.

현재의 엄혹한 정세 아래서 저자들이 이 책을 통해 호소하고자 한 것은 신자유주의 지배체제 아래 돈의 노예처럼 일그러진 모습을 보이고 있는 한국 사회의 그릇된 풍조로서는 우리 사회가 21세기의 거센 도전을 헤쳐 나갈 수 없다는 점을 분명히 하려는 것이었다. 이 책의 제목은 그런 뜻을 함축하고 있다.

이 책은 필자들이 그동안 언론매체 등에 기고한 글들을 모은 것이다. 그렇기에 체계적인 저작물은 아니다. 하지만 "사람중심 희망의 공동체사회를 만들자"라는 공통된 이념과 소원과 정책을 공유하고 있다. 다만 세부적인 표현이나 내용은 각 필자가 독립적으로 책임을 진다. 이 책이 앞으로 공동체사회 만들기 운동의 기폭제가 되어준다면 더 이상 바랄 것이 없다.

2007년 11월 10일

편저자를 대변하면서 주종환

01

창조한국의 기회와 과제

창조한국의 기회와 과제

우리 경제를 어떻게 할 것인가

안녕하세요. 문국현입니다.

오늘 여러분께 이 자리를 빌려 창조한국의 기회와 과제라는 주제로 말씀드리게 되었습니다. 경제, 여러분께서 관심을 많이 가지시는 부분일 텐데요. 우리 경제를 어떻게 할 것인가에 대한 말씀을 드리겠습니다.

세계경제포럼World Economic Forum은 매년 1월말 스위스의 다보스에서 세계회의를 개최합니다. 다보스는 스위스의 작은 산간 마을인데 그곳에서 세계적 메가트랜드 파악과 지식 재충전을 위한 최고의 '윈터 스쿨winter school'이 열리고 있습니다. 세계경제포럼은 다보스에서 열린다고 하여 '다보스포럼'이라고 불리기도 합니다. 36년 전부터 매년 2,000여명의 전 세계 경제인, 정치인을 비롯한 사회 지도층이 모여서 그 해 중점 연구·협력할 과제를 즉석 전자투표 방식을 통해서 결정합니다. 매년 즉석 전자투표 방식으로 그 해의 중점 과제가 결정되기 때문에 논의되는 주제도 약간의 변동이 있습니다.

하지만 전반적으로 살펴보면 경제적 주제라기보다 사회적 주제, 환경적 주제들에 대해서 관심을 갖고 열띤 논의를 벌입니다. 전체 관심사의 55%는 기후변화에 관한 것입니다. 그 다음이 양극화와 빈곤입니다. 우리 사회는 이런 문제에 대해서 이야기하고자 하면 거부감을 일으키기도 합니다. 하지만 전 세계의 리더들은 이런 문제에 먼저

다보스 회의(DAVOS Symposium)

- 1971년 Klaus Schwab 제네바 대학교수가 창립
- 세계경제포럼(World Economic Forum)
- 연례회의(매년 1월 마지막 1주)

- 매년 2,000여명 참가
- 참가자 구성

지역별		직업별	
유럽	35%	경제인	50%
북미	35%	학자	9%
아시아	15%	언론인	9%
기타	15%	NGO	8%
		정부	6%

세계경제포럼의 화두

- 기후변화
- 빈곤 양극화
- 중국과 인도의 급성장 대비

- 오일 + 자산가격 쇼크
- 세계경제의 경착륙
- 일자리 창출 + 중산층 유지 · 확대

- 새로운 지배구조 · 리더십
- 정부조직 · 예산 · 조세제도의 혁신
- 기업의 사회적 책임

UN Global Compact 연도별 참여기업/기관 증가

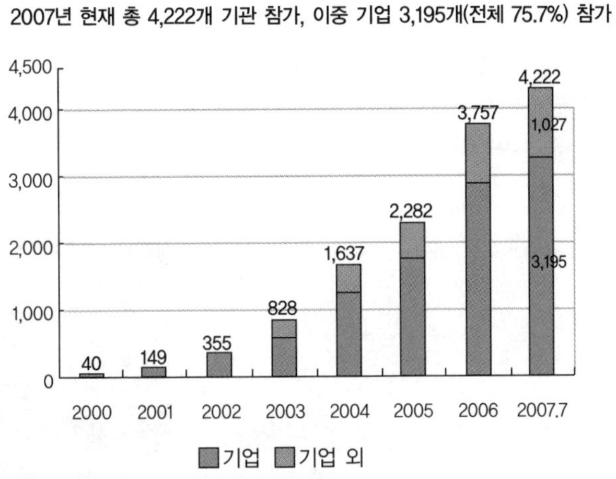

자료출처 : www.unglobalcompact.org (2007.7.9 현재)/*한국 51개

나서서 고민하고 있습니다. 우리 사회가 반성해야 할 부분이 아닌가 생각합니다. 그 밖의 주제로는 중국과 인도의 급성장 대비, 오일 + 자산 가격 쇼크, 세계경제의 경착륙, 일자리 창출 + 중산층 유지 · 확대, 새로운 지배구조 · 리더십, 정부조직 · 예산 · 조세제도의 혁신, 기업의 사회적 책임 등이 있습니다.

2000년 7월 1일에 다보스 합의에 의하여 유엔 글로벌 콤팩트UN Global Compact가 출범했습니다. 현재 총 4,222개의 기관이 참가하고 있는데, 우리나라에서는 그 참여가 부족합니다. 대부분이 경영대학원, 학교 단위로 참여하지 기업의 참여는 부족합니다.

우리나라가 어떤 나라입니까. 한국인 최초로 반기문 UN 사무총

최근 활동 내용

- 2007 Global Compact Leaders Summit
- 2007.7.5 - 6 제네바에서 개최
- 반기문 UN사무총장이 의장으로 주재

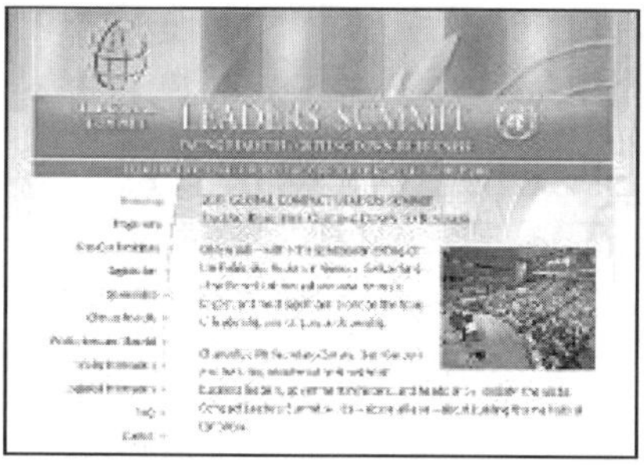

장을 배출해낸 나라입니다. 그런데 이 글로벌 콤팩트를 모르고 있습니다. 7월 반기문 유엔 사무총장의 주재하에 열린 글로벌 콤팩트의 제7주년 행사에 전 세계 3,200개의 주요 기업과 1,000여 개의 주요 기관이 대거 참여해 이런 원칙을 재확인했는데도 우리나라 언론은 한 줄도 보도하지 않았습니다. 한국의 무서운 폐쇄성이라 할 수 있습니다. 이렇기 때문에 우리는 20세기의 인질로 잡혀 있습니다. 왜 그래야만 합니까?

UN 글로벌 콤팩트는 인권, 노동기준, 환경, 반부패 등 4가지 분야의 10대 원칙을 표명하고 있습니다. 우리는 아마 노동기준과 반부

UN Global Compact The Ten Principles

인권

원칙1 : 기업은 국제적으로 공표된 인권의 보호를 지지하고 존중한다.
원칙2 : 기업은 인권 학대에 연루되지 않을 것을 확실히 한다.

노동기준

원칙3 : 기업은 실질적인 결사의 자유 및 집단 교섭권을 인정한다.
원칙4 : 기업은 모든 형태의 강제 노동을 철폐한다.
원칙5 : 기업은 아동 노동을 효과적으로 철폐한다.
원칙6 : 기업은 고용과 직업에 관한 차별을 철폐한다.

환경

원칙7 : 기업은 환경 문제에 대한 사전주의적인 접근법을 지지한다.
원칙8 : 기업은 더 큰 환경 의무를 장려하는 조치를 수행한다.
원칙9 : 기업은 환경 친화적인 기술의 개발과 확산을 촉진한다.

반부패

원칙10 : 기업은 금품 강요 및 뇌물 수수 등을 포함하는 모든 형태의 부패에 반대한다.

* 원칙은 세계인권선언, 국제노동기구(ILO) '근로상의 기본원칙과 권리에 관한 선언', 환경과 개발에 관한 리우(Rio)선언, UN 반부패협약의 국제적인 합의를 기초로 한다.

중국의 동향 : 11차 5개년 계획(2006~2010)

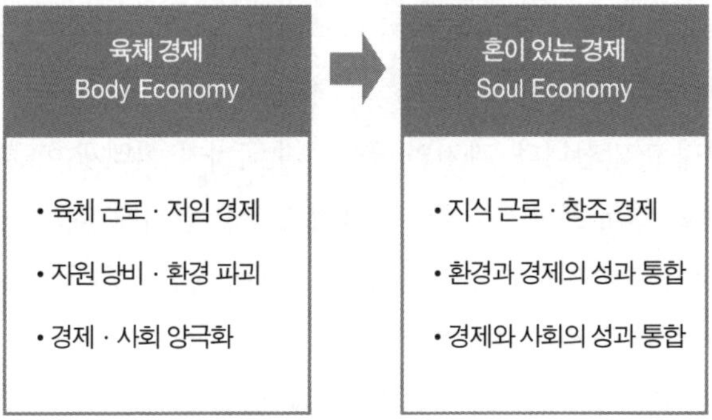
육체 경제
Body Economy
• 육체 근로 · 저임 경제
• 자원 낭비 · 환경 파괴
• 경제 · 사회 양극화
혼이 있는 경제
Soul Economy
• 지식 근로 · 창조 경제
• 환경과 경제의 성과 통합
• 경제와 사회의 성과 통합

아시아 국가 부패지수

국가명	올해 지수	지난해 지수
싱가포르	1.20	1.30
홍콩	1.87	3.13
일본	2.10	3.01
마카오	5.11	4.78
대만	6.23	5.91
말레이시아	6.25	6.13
중국	6.29	7.58
한국	6.30	5.44
인도	6.67	6.76
베트남	7.54	7.91
인도네시아	8.03	8.16
태국	8.03	7.64
필리핀	9.40	7.80

조사기관 : 홍콩 위험컨설팅회사 정치경제위험자문공사(PERC) (2007.3.12)

패 분야를 받아들이기 힘든 사회이기 때문에 7년 동안 글로벌 콤팩트의 존재를 감춰왔던 것이 아닌가 싶습니다.

중국은 이제 한국이 목표가 아니라고 합니다. 육체근로자형 한국 경제가 목표가 아니라 지식경제, 환경·개인·사회 통합형 경제를 지향한다고 말합니다. 과거의 공산주의 국가가 어떻게 이렇게 바뀌었을까요. 결국 부패지수에서 중국이 우리를 앞서게 되었습니다. 아시아 국가 부패지수를 조사한 결과 중국이 6.29로 한국의 6.30보다 앞섰습니다. 중국은 이렇게 끊임없이 바뀌고 있는데 우리는 제자리에 머물러 있거나 오히려 뒷걸음질 치고 있습니다.

중국은 육체근로·저임금 경제인 육체경제, 자원 낭비적이고 환

부패 = 일자리의 적

일자리 부족

1. 산업 이전, 수입 확대, 구조조정, 자동화, 정보화 등으로 일자리 지속적 감소
2. 비경제활동인구 급증

	1990	증원	2000	증원	2010
총인구(만 명)	4,287	414	4,701	258	4,959
15세+인구(생산가능인구)	3,190	519	3,709	395	4,104
일자리	1,809	307	2,116	184	2,300
비경제활동인구/실업자	1,381	212	1,593	211	1,804

※ 고용율 57% ↓
※ 청년실업 100만 명 ↑

※ 비경제활동인구 1,800만 명 시대 임박

일자리의 질 저하(2007년 7월 평균)

	(백만 명)	주 위협 요인
생산가능인구 (15세+인구)	39.2 ↑	
정규직	7.6 ↓	구조조정, 정보화, 비정규직
비정규직	8.5 ↑	자동화, 산업이전, 수입확대
자영업+고용주	7.6 ↑	내수침체, 과잉경제, 고금리
소계	23.7 ↑	
비경제활동인구+실업자	15.5 ↑	

• 중소기업 종사자 · 자영업자 비중 90%

출처 : 통계청(www.nso.go.kr)

자영업 = 잠재실업

국가별 자영업자 비율		문제점
한국	34.9%	25%가 휴 · 폐업 상태*
일본	15.4%	
영국	12.1%	
독일	11.2%	
프랑스	8.7%	
미국	7.2%	

* 200만명 이상이 사실상 추가 실업자

비정규직/중소기업=지식의 무덤(기업규모별 훈련참여율)

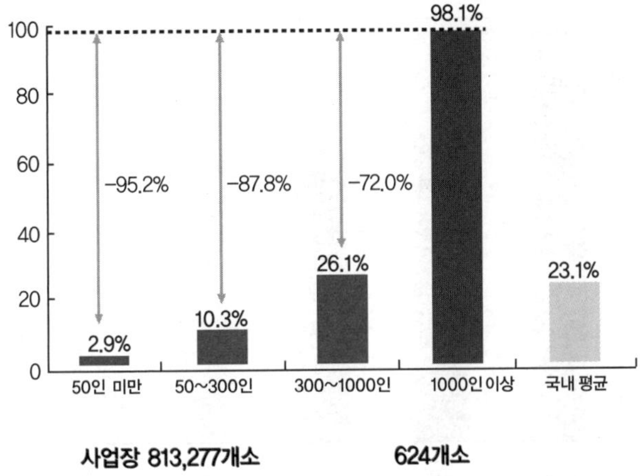

경파괴적인 육체경제, 경제·사회 양극화를 심화시키는 육체경제에서의 탈피를 선언했습니다. 11차 5개년 계획에서 지식근로 창조경제, 환경과 경제의 성과 통합, 경제와 사회의 성과 통합 등의 혼이 있는 경제Soul Economy로 나아가고 있습니다. 우리는 어떻게 해야 할까요?

104개 국가 중 세계경제포럼WEF 신인도가 61위입니다. 외국인의 직접투자FDI가 미미하고, 투자 촉진을 통한 혁신 및 일자리 창출 기회가 상실되고 있습니다.

우리나라 일자리 부족 문제는 어제 오늘의 문제가 아닙니다. 산업 이전, 수입 확대, 구조조정, 자동화, 정보화 등으로 일자리가 지속적으로 감소하고 있습니다. 2000년 기준 4천 7백만 인구 중 생산가능인구는 3천 7백만입니다. 그 중에서 일자리를 가지고 있는 사람은 2

불법과로 = 낮은 생산성(연간 근로시간 기준)

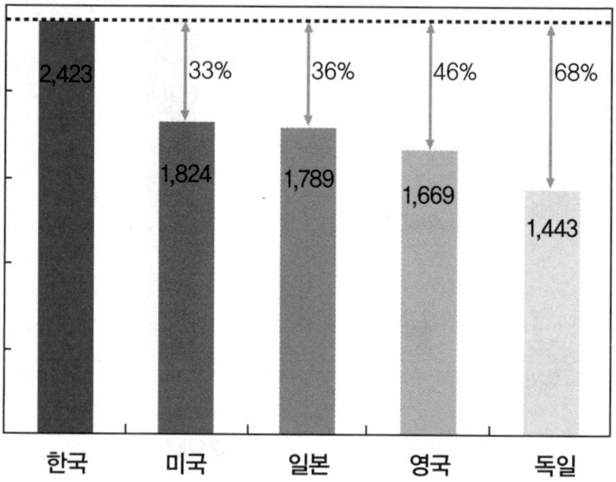

자료출처 : 2006 OECD Factbook

천 1만 밖에 되지 않습니다. 이 상황에서 비경제활동인구/실업자가 약 1천 6백만입니다. 2010년의 경우는 어떨까요. 총인구 4천 9백만 중 생산가능 인구는 4천 1만이고, 우리가 마련할 수 있는 일자리는 2천 3백만 정도 밖에 되지 않습니다. 비경제활동인구 1천 8백만의 시대가 임박해 있습니다.

일자리가 없는 사람의 문제도 크지만 일자리를 가지고 있는 사람의 문제도 생각해 보아야 합니다. 일자리의 질은 날로 저하되고 있습니다. '지식의 무덤' 이라고 하는 비정규직이 임금 근로자의 55%나 차지하고 있습니다. 수치상 8백 50만 명입니다.

마지못해 자영업으로 쫓겨 간 사람들, 잠재실업으로 볼 수 있는 사람들이 34.9%에 육박하고 있습니다. 일본 15.4%, 미국 7.2%에 비하

산업재해 = 가정파괴 + 경제손실

초장시간 과로로 가정 · 사회 · 경제 손실 심대

- 산재사고자 : 9만 5천명, 산재사망자 3천명
- 우리나라 재해율 : 대기업 0.40% / 중소기업 1.09%
- 연간 산업재해 손실 : 15조원(노사분규 손실의 8배)

과제 : 지도층 부패 척결

- 정경 유착 근절
- 유전 무죄 근절
- 기소 유예 신중
- 집행 유예 신중
- 대사면 신중

과제 : 과로 해소 · 평생학습 체제 구축

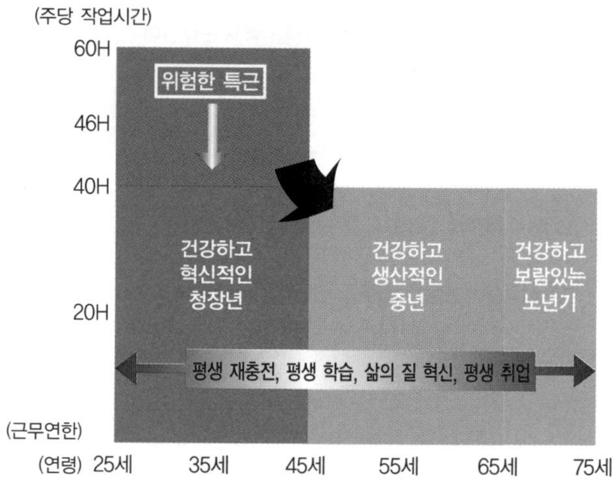

과제 : 직장을 생산과 교육 · 학습의 장으로 전환

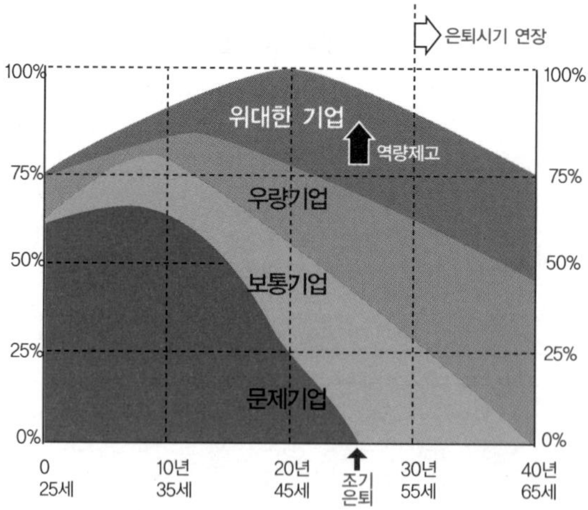

과제 : 경제 · 사회 · 환경 성과의 통합

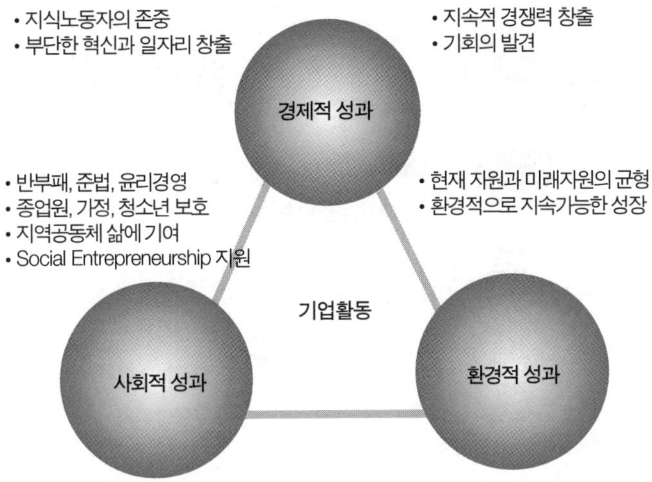

면 높은 수치입니다. 그렇게 높은 비중 중에 25%가 휴 · 폐업 상태에 있어 더 큰 문제입니다.

비정규직과 중소기업에서 평생 학습에 참여하는 비율은 매우 낮습니다. 대기업의 98.1%가 평생 학습에 참여하고 있는데 비해 2.9%, 10.3%, 26.1%로 매우 낮습니다. 우리나라가 교육으로 성장해 왔는데 정말 교육이 필요한 시기에 개인에게만 맡겨 놓은 결과가 이렇습니다.

또 우리나라는 불법 과로 처벌 조항이 없어 세계에서 유일하게 과로하는 사회입니다. 연간 2,423시간을 일합니다. 실질적인 시간은 이것을 넘습니다. 미국, 일본 등과 비교했을 때 600시간 대, 영국과

과제 : 중소기업의 세계화

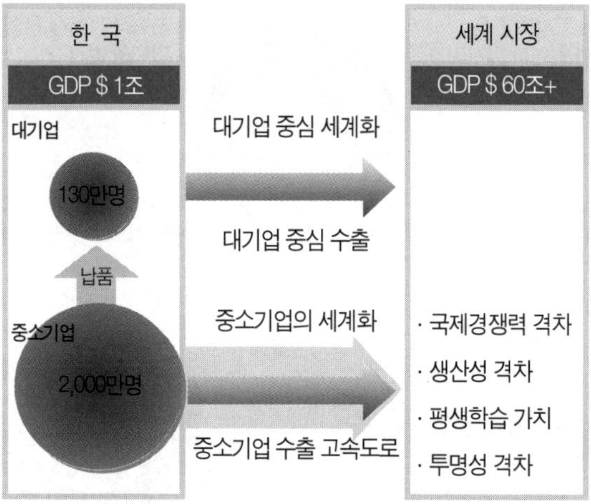

비교해서 700시간 대, 독일과 비교해서 900시간 대 차이가 납니다.

이런 과로 환경에서 산재 사고가 9만 5천 명, 산재 사망자가 3천 명에 달합니다. 그런데도 어느 누구도 책임을 묻지 않습니다. 발전의 적인 과로를 법을 지키는 수준까지만 낮춰도 모두가 행복할 수 있습니다. 개인은 학습의 시간과 가정과 지역사회와 함께 할 시간을 가지고, 사회는 개인의 발전을 통해서 장기적으로 발전할 수 있습니다. 그런데 왜 이런 상황을 방치하고 있을까요. 우리에게 과제는 주어졌습니다. 우리는 어떻게 해야 할까요?

지도층의 부패를 척결해야 합니다. 부패는 사회 발전의 적입니다. 이런 부패를 과감히 척결해야 합니다.

과로를 해소하고 평생 학습 체제를 구축해야 합니다. 위험한 특

과제 : 도 · 농의 순환 상생

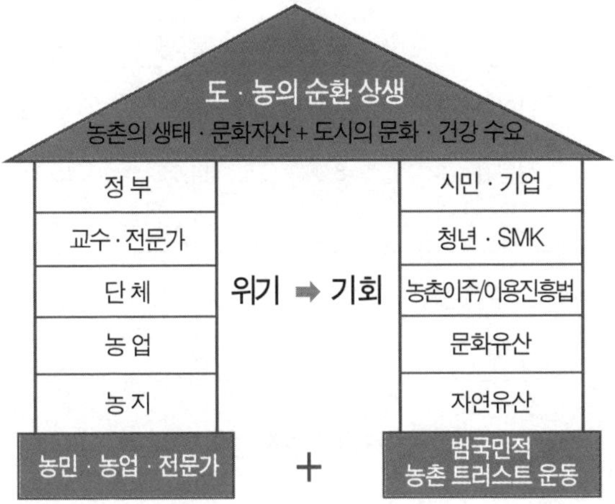

근을 줄이고 평생 학습, 평생 재충전으로 시간으로 갖는다면 건강한 일자리를 오랫동안 가질 수 있습니다. 단기적인 시각에 매몰되어 특근을 할 것이 아니라 학습하고 재충전하여 장기적으로 일할 수 있는 환경이 조성되어야 합니다. 이는 개인에게도 좋지만 기업 측면에서 좋습니다. 직장을 생산과 교육 · 학습의 장으로 전환해야 합니다.

경제 · 사회 · 환경 성과를 통합해야 합니다. 이것이 육체 경제가 아닌 혼이 있는 경제Soul Economy로 나아가는 길입니다.

중소기업의 세계화에도 앞장서야 합니다. 지금까지는 대기업 중심의 수출이 이루어졌습니다. 하지만 2,000만 명이 고용되어 있는 중소기업에게 중소기업 수출 고속도로를 만들어 주어야 합니다. 중소기업이 대기업에 납품을 해서 수출하는 방식이 아니라 직접 세계시

과제 : 고부가가치 일자리 창출

	한 국	독 일	네덜란드
관리자	2.5%	6.8%	9.7%
전문가	8.0%	14.4%	18.9%
소계	10.5%	21.2%	28.6%
기술공 + 준전문가	10.3%	20.5%	17.7%
합계	20.8%	41.7%	46.3%

선진국과의 격차 25% = 5천7백만 명

자료 : YEARBOOK OF LABOR STATISTICS, 2005, ILO

과제 : 사회적 일자리의 창출(비영리단체 + 공공 · 복지 · 환경 · 교육 도우미)

각국별 사회적 일자리 비중 및 기회

· 한국	0.4%	+ 160 만 명
· 프랑스	6.8%	
· EU평균	7.9%	
· 영국	8.4%	+ 190 만 명
· 네덜란드	16.6%	

(계 : 350만 명)

과제 : 제2의 성장 엔진 – 환동해 경제협력 벨트(미 · 북 수교)

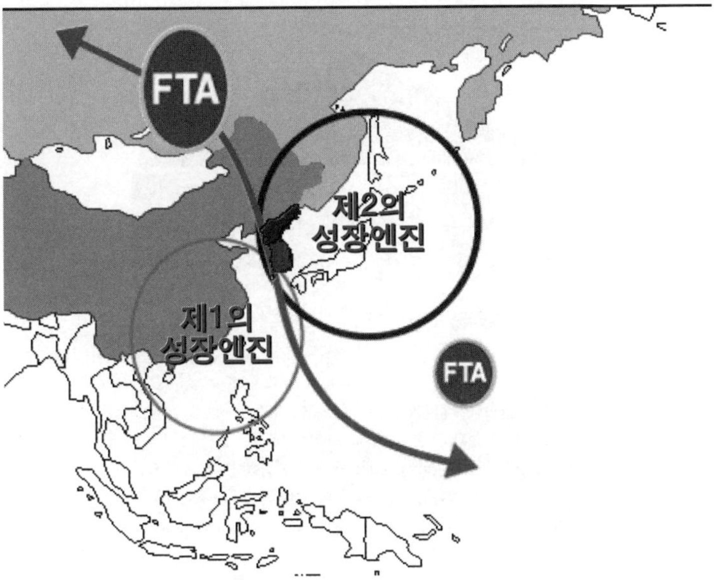

장에 수출하는 길을 만들어줘서 국제경쟁력을 갖도록 해주어야 합니다.

제2의 성장 엔진을 만드는 것도 중요한 과제입니다. 우리는 그동안 중국 중심의 환황해 경제협력 벨트를 중심으로 성장해 왔습니다. 하지만 중국의 성장으로 우리가 환황해 경제협력 벨트만 가지고 살아남을 수 있는 시간들은 지나갔습니다. 제1의 성장 엔진을 넘어 남한, 북한, 러시아, 미국, 일본 중심의 제2의 성장 엔진인 환동해 협력 벨트를 만들어야 합니다. 이는 북미수교를 계기로 더욱 힘을 받을 것입니다. 남한의 경영능력, 북한의 양질의 노동력, 러시아의 풍부한 에너지 자원, 일본의 자본, 거대한 미국의 시장이 결합된 환동해 경

I. 사람입국 발전모델

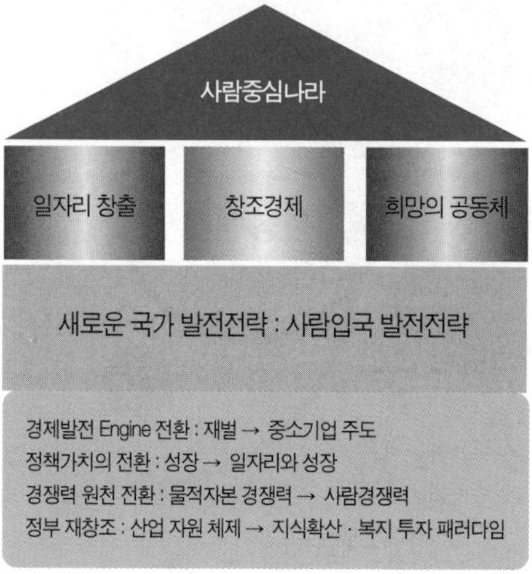

제협력 벨트는 환황해 경제협력 벨트와 함께 대한민국을 평화적이고 지속적인 번영의 시대로 이끌고 갈 것입니다.

일자리 창출에 있어서도 고부가가치 일자리를 창출해야 합니다. 우리는 특허, 법률, 의료, 교육 등의 고부가가치 서비스를 수입에 의존하고 있습니다. 이런 것을 국산화시킨다면 많은 일자리를 창출해 낼 수 있습니다.

사회적 일자리도 마찬가지입니다. EU 평균 사회적 일자리의 비중은 7.9%입니다. 그런데 우리나라는 0.4%에 그치고 있습니다. 교육, 보육, 환경 등의 부분에서 사회적 일자리를 많이 만들어낼 수 있는 잠재력을 우리는 가지고 있습니다. 적극적으로 잠재력을 실현해야 합니다.

II. 일자리 창출 체계도

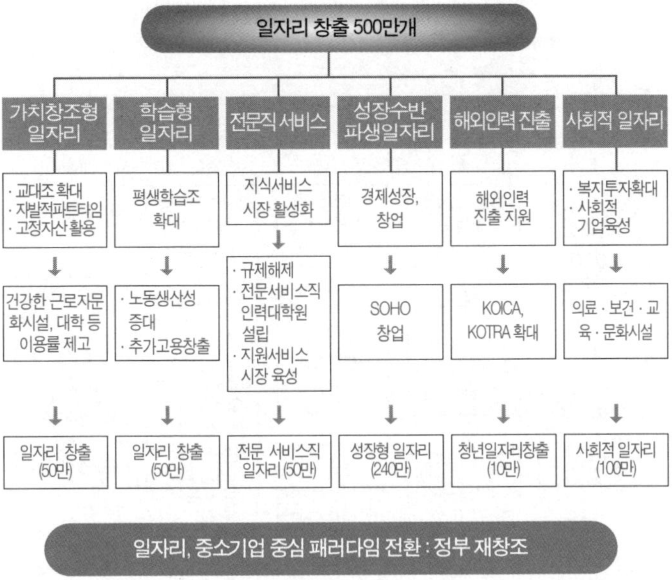

도시와 농촌간의 순환 상생의 고리를 만들어야 합니다. 도시와 농촌은 두 기둥과 같습니다. 한쪽이 없으면 다른 한쪽이 버틸 수 없는 관계죠. 그런데 많은 사람들은 그동안 도시의 발전에만 관심을 가져왔지 농촌에 대해서는 그만큼의 관심을 갖지 않았습니다.

4도 2촌, 도시에서 4일 농촌에서 2일 보내는 라이프스타일 정착 등도 한가지 방법이 될 수 있을 것입니다.

사람입국 발전모델의 중심은 사람이 중심입니다. 한낱 부속품처럼 여겨졌던 사람이 이제는 제자리를 찾아야 합니다. 일자리 창출, 창조경제, 희망의 공동체가 사람입국의 근간이 될 것입니다.

III. 창조경제 구축 체계도

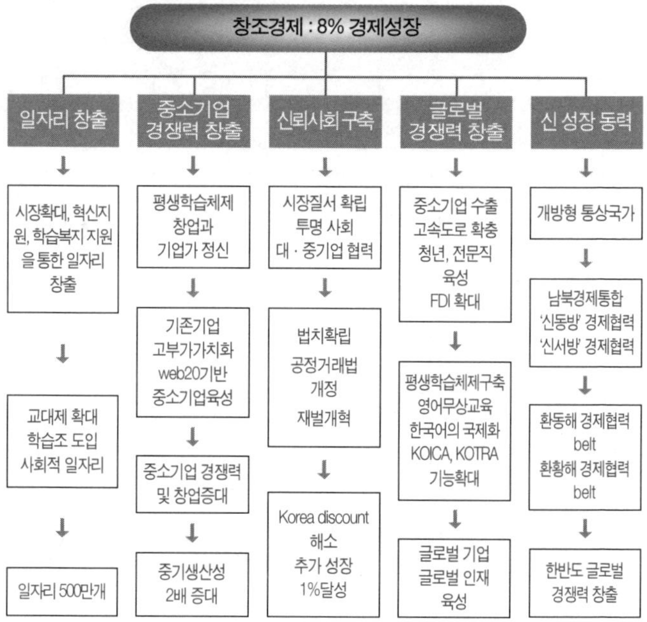

일자리 창출은 앞서 언급한 전문직 서비스, 사회적 일자리를 비롯하여 사회 각 분야에서 500만 개를 창출할 수 있습니다.

창조경제로 8% 경제성장을 이룰 수 있습니다. 한국의 잠재성장률은 4%라고 합니다. 일부에선 7% 경제성장이 가능하다고 말합니다. 그러나 그것은 가짜입니다. 기본적인 4%에서 부동산 개발 거품, 불로 소득 경제와 같은 기존의 패러다임으로 이룰 수 있는 3%를 합친 것인데 이것은 언제 무너질지 모르는 모래성과 같습니다. 하지만 새로운 패러다임으로 나간다면 8%의 진짜 경제 성장을 이룰 수 있습

GDP 성장방식

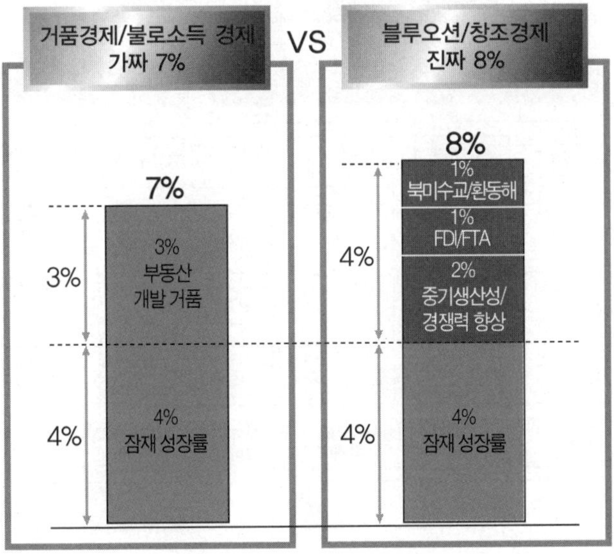

니다. 중소기업의 생산성과 경쟁력 향상, 외국인 직접 투자와 FTA, 북미수교, 환동해 경제협력 벨트라는 새로운 패러다임으로 8% 경제 성장이 가능합니다.

희망의 공동체 구축 체계도입니다. 사회 안정망 강화, 지속가능한 사회 구축, 일과 삶의 조화를 통해서 희망의 공동체사회를 만들어 낼 수 있습니다. 문국현 공동체 아파트입니다. 이것이 희망의 공동체를 만드는데 일조할 것입니다. 많은 사람들이 열심히 일해도 집구하기가 어렵다고 하소연합니다. '반의 반값' 아파트를 제공할 것입니

IV. 희망의 공동체 구축 체계도

다. 기존의 아파트 가격에는 건물가격과 함께 토지가격이 포함되어 있습니다. 하지만 토지는 등기부 상에만 존재할 뿐, 어디인지도 모르고 사용가치가 없습니다. 토지를 임대하는 방식으로 해서 가격을 줄이겠습니다. 건축비는 전국 평균 평당 400만 원입니다. 여기에 적정 이윤만 붙여서 아파트를 공급하겠습니다. 100% 완공 후에 품질을 확인하고 계약하는 후분양 방식을 채택할 것이며, 투기를 배제하기 위해서 환매조건부를 실시할 것입니다.

무엇보다 중요한 것이 사회친화형 아파트입니다. 현재 아파트 1층은 사생활 보호와 치안의 문제로 가격이 낮습니다. 이 1층을 통합하여 방과 후 교실, 주민 자치활동 공간, 도서관 등으로 이용하고

문국현 공동체 아파트

아파트를 한 층 더 높이는 것입니다. 3m만 높여도 1층의 공간을 제대로 활용할 수 있습니다. 1층이 보육, 교육, 문화, 복지, 공익 공간으로 활용된다면 사교육비 부담을 획기적으로 개선할 수 있고 공동체와 지역사회의 발전에도 도움이 될 수 있습니다. 이런 문국현식 아파트가 희망의 공동체에 첫 발이 될 것입니다.

청년층 일자리 창출 방안에 대해서 말씀드리겠습니다. 청년실업 대책의 문제점이 무엇이라고 생각하느냐는 질문을 분석해 보면 현실을 반영하고 구조적인 처방을 담은 보편적인 청년 일자리 대책이 필요하다는 것을 알 수 있습니다.

대학 학력의 팽창으로 대졸자가 인력시장에 과다 공급되고 있습니다. 고등교육 인구가 세계 최고인데 근로시간도 세계 최장을 기록

청년실업 대책의 문제점

정책이 현실을 반영하지 못함	단기대책에만 치중	일부 업종에 치우침	까다로운 자격 조건	기 타	합 계
33.4%	20.3%	12.1%	11.7%	22.6%	100.1%

↓

현실을 반영하고, 구조적인 처방을 담은
보편적인 청년 일자리 대책 필요

자료 : 한국노동연구원 청년층 3,503명 실태조사 2004

하고 있습니다. 따라서 아무리 좋은 인재가 있어도 생산성이 선진국의 1/3에 그치는 것입니다. 이를 평생 학습 체제로 바꾸어야 합니다. 좋은 인재가 끊임없이 배우고 변화할 수 있는 환경을 만들어줘야 합니다. 학교 졸업 후 노동시장 탐색이 깁니다. 대기업이 만들어낼 수 있는 일자리는 130만 정도인데 청년들이 모두 대기업으로 가려고 합니다. 기업의 99%인 중소기업에 대해서는 정보도 모르고 가고 싶어하지 않습니다. 청년들이 갈 곳 모르고 방황하고 있습니다. 그들에게 튼튼한 500만 개의 일자리를 만들어줘야 합니다.

중소기업의 취업을 기피하는 눈높이를 가지고 있는 것도 문제입니다. 비정규직의 86%가 중소기업에 있습니다. 그야말로 중소기

잘못된 진단, 발상 전환 필요

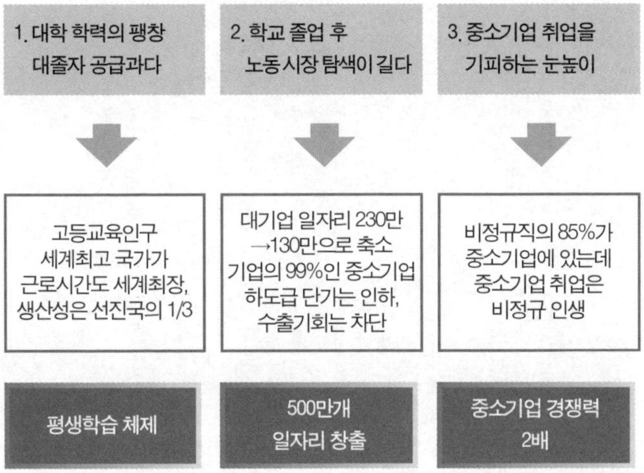

1. 대학 학력의 팽창
대졸자 공급과다
2. 학교 졸업 후
노동 시장 탐색이 길다
3. 중소기업 취업을
기피하는 눈높이
고등교육인구
세계최고 국가가
근로시간도 세계최장,
생산성은 선진국의 1/3
대기업 일자리 230만
→130만으로 축소
기업의 99%인 중소기업
하도급 단가는 인하,
수출기회는 차단
비정규직의 85%가
중소기업에 있는데
중소기업 취업은
비정규 인생
평생학습 체제
500만개
일자리 창출
중소기업 경쟁력
2배

업 취업은 비정규 인생입니다. 중소기업의 경쟁력을 현재의 두 배로 높여줘야 중소기업에 가서도 열심히 일할 수 있겠다 싶지 않겠습니까. 청년실업을 청년들의 잘못으로만 돌릴 수 없습니다. 그것은 사회의 문제며, 미래사회로 나아가기 위해 반드시 해결해야 할 부분입니다.

청년층을 위한 5대 정책은 다음과 같습니다.

정부보증 학자금 대출제도를 대폭 개선하겠습니다. 현행 6.66% 이자를 3%로 낮추고 최장 30년까지 대출해 주어야 합니다. 이공계 졸업생에 대한 대책도 필요합니다. 프로세스 엔지니어와 같은 중소기업 현장 관리자를 매년 10만 명 육성하겠습니다.

청년층을 위한 5대 정책

1	**정부보증 학자금 대출제도 대폭 개선** : 대출기간 최장 30년 (10년 거치, 20년 상환)에 저소득층은 무이자, 최고 3%이자 (현행 6.66% 연이자, 최장 20년 대출/일본은 3% 이자)
2	**이공계 졸업생 대책** : 중소기업 현장 관리자(프로세서 엔지니어) 매년 10만 명 육성 ※ 현장 밀착형 학습과 평생학습 비용을 정부 책임으로!
3	**인문사회계 졸업생 대책** : 중소기업 수출고속도로 확보에 따른 비즈니스 서비스 확대 (KOTRA와 KOICA 등 조직확대로 일자리 창출) ※ 중소기업 수출시장 개척과 세계 다문화협력의 담당자로 청년을!
4	**실업계 고졸자 대책** : 초과근로 제한, 학습조 편성으로 추가 일자리 200만개 창출 (청년실업자 중 고졸 이하가 55%) ※ 2000만 명이 해야 할 일을 1500만 명이 하고 있는 과로체제 혁신
5	**사회적 일자리 대책** : 공동체 복원을 위한 평생 일터 제공 ※ 환경지킴이, 공동보육, 방과후 교육 등 보람 있는 일터 창출

중소기업 수출 고속도로 확보에 따른 비즈니스 서비스 확대에 따른 인문 사회계 졸업생들을 위한 일자리도 마련되어야 합니다. 대한무역투자진흥공사[KOTRA], 한국국제협력단[KOICA] 등의 조직 확대로 일자리를 창출할 수 있습니다.

초과근로 제한, 학습조 편성으로 추가 일자리 200만 개를 창출하여 실업계 고졸자에게 일자리를 만들어 주어야 합니다. 환경지킴이, 공동보육, 방과 후 교육 등 공동체 복원을 위한 사회적 일자리도 한 사람이 희망이다.

우리에겐 아직 희망이 있습니다.

혼이 있는 경제

깨끗하고 따뜻한 번영

사람중심 진짜 경제를 실현할 것입니다.

가지 대안이 될 수 있습니다.

인간은 상상하는 존재입니다. 상상하는 만큼 이룬다고 생각합니다. 혼이 있는 경제, 깨끗하고 따뜻한 번영, 사람 중심 진짜 경제를 상상합니다. 상상하는 만큼 이룰 수 있습니다. 우리에겐 아직 희망이 있습니다.

혼이 있는 경제
깨끗하고 따뜻한 번영
사람중심 진짜 경제를 실현할 것입니다.
감사합니다.

한 우물 33년

2년 4개월의 장교 생활을 마치고, 선택한 첫 직장이 오늘의 유한킴벌리였다. 어언 33년 전의 일이다. 당시 주변에서는 적극적으로 오라는 삼성그룹이나 아버님 회사로 가는 것이 상식이 아니겠냐고 했지만, 나에게는 신뢰경영과 전문경영인제를 도입 성공시키는 등 다양한 경영혁명의 선구자이신 유일한 박사님과 그 분이 창립한 유한양행과 유한킴벌리가 더 매력적으로 보였다.

특히 유일한 박사님은 1971년 작고 당시 전 재산 55억 원을 두 자녀가 아닌 사회에 전부 환원시키셨는데, 요즘 돈으로 1조 1천억 원 상당의 천문학적 재산이다 보니 나에게는 믿어지지 않는 일이었다. 그 신선한 충격이 3년 후, 나를 유한으로 이끌었던 것이고 33년이 지난 오늘날까지도 그 나눔과 섬김의 정신이 나의 영원한 길잡이가 되고 있다. 얼마나 큰 행운이었는지 감사할 따름이다.

33년 전 유한킴벌리는 유한양행의 신설 합작회사로서 같은 사장님을 모시고, 대방동에 소재한 유한 본사 건물에서 함께 살고 있었다. 당시에는 안양이라고 불리었으나 요즘은 군포라고 불리는 지역에 공장도 유한양행과 유한킴벌리가 함께 있었다.

입사 후 첫 역할이 사업 기회를 분석하고 투자 계획을 수립한 후 이익 관리를 하는 기획조정실 투자담당관이었다. 시간가는 줄도 모르고 재미있게 일했다. 특히 공장경영 혁신을 위해 표준원가제도 도입을 책임 맡고 있던 1975년 당시에는 야간통행금지제도가 있을 때였기 때문에 안양공장에 가면 공장에서 밤을 보내는 것이 다반사였다. 집에 못가는 아쉬움은 있었지만 밤늦게 일에 집중할 수 있는 것도 좋았고, 늘 야간작업을 하던 동료직원들의 열악한 작업 환경과 어려움을 몸으로 체험할 수 있었던 귀중한 시간들이었다.

그 이후 전산실장, 기획조정실장, 마케팅 본부장, 사업본부장, 부사장을 거쳐 1995년 대표이사 사장이 되어 오늘에 이르기까지 33년 동안 나에게 무한한 꿈과 열정과 도전 정신과 창조력과 끈기를 갖게 해준 것이 바로 유일한 박사님의 정신이었다.

유일한 박사님의 꿈은 "정성껏 좋은 상품을 만들어 국가와 동포에게 봉사하고, 정식하고, 성실한 인재를 양성하여 사회에 배출하며, 기업에서 얻은 이익으로 기업을 키워 보다 많은 일자리를 만들고, 성실하게 납세하며, 그리고 남은 것은 기업을 키워준 사회에 환원 한다"는 것이었다.

특히 유일한 박사님은 참지도자란 자신의 머리로 남의 행복을 생각할 수 있는 사람이라고 했다.

유일한 박사님을 따라 남의 꿈과 행복을 생각한 지가 33년, 나는 누구보다도 행복한 사람이 되었다. 58세가 넘은 아직도 일자리를 가지고 있고 지난 33년 동안 밤낮을 가리지 않고 줄달음질쳐 왔다. 하지만 그 모두가 그리 오래된 일 같지가 않고, 열정은 젊은이 같아 아직도 하고 싶은 일들이 끝이 없다.

그 많은 하고 싶은 일 중에서 가장 시급하게 생각하는 일은 유일한 박사님도 그렇게 강조하시던 일자리 창출이다. 우리나라의 고용율이 59%밖에 되지 않기 때문에 75% 내외가 고용되고 있는 선진국들에 비하면 16%의 경제활동가능 인구가 아직도 일자리를 갖지 못하고 있다. 6백만 명이 넘는 수치이다. 더구나 근로소득 근로자들의 과반수가 이제는 비정규직이 되었다.

이렇게 우리나라 고용의 양과 질은 참으로 참담한 수준이다. 경제사회적 양극화의 가장 큰 원인자 저출산 고령화를 세계 최악의 수준으로 치닫게 한 근본 원인이다. 온 국민이 힘을 합해 이 추세를 역전시켜야만 한다.

독일의 여성 총리 앙겔라 메르켈은 이제 정부와 기업과 사회가 창조적으로 혁신되어야 할 때라고 하면서 그 최우선 사명을 일자리 창출에 두어야 한다고 했다. 정작 우리나라야말로 이제 사람과 지식 중심, 일자리 창출 중심의 창조경제, 창조정부로 다시 태어나 6백만의 창조적 일자리를 만들어 우리 사회를 지속가능하게 하고 국민에게 희망을 주어야 할 때이다.

(『서울신문』 CEO칼럼 2007년 6월 1일)

반기문의 고민

1999년 당시 코피 아난 유엔 사무총장은 스위스의 산간 마을 다보스를 찾았다. 전 세계에서 모인 세계경제포럼 참가자들과 함께 다가오는 21세기를 지난 20세기와는 전혀 다른 꿈이 있는 미래로 만들기 위한 방문이었다.

그 해 천여 명의 세계경제포럼 회원들과 합의한 것이 글로벌 콤팩트Global Compact이다. 범지구적 서약이 이처럼 세계 최대의 국제기구인 유엔의 최고 지도자 코피 아난 사무총장과 전 세계 최대의 경제인 모임인 세계경제포럼 사이에서 자발적으로 협의하여 탄생하였다는 것은 참으로 경이롭다.

이 지구서약에 2000년 이후 전 세계 수많은 모범적 기업들이 참여해 서명하기 시작하여 그 숫자가 지난 해 말까지 3,000여 개에 이르렀고, 단체들까지 합하면 4,000개에 이른다. 다보스 세계경제포럼의 정례 참여기업의 4배에 달하는 기업이 이 지구촌 서약에 이미 적극적으로 참여하고 있는 것이다.

그러나 이 지구촌 서약 또는 협약은 우리나라에서는 사실상 무시되거나 은폐되어 왔다. 유엔 사무총장에 우리나라 출신의 반기문 전 외무장관이 선출되고 나서야 뜻있는 기업과 단체들이 서둘러 이 지구서약에 서명, 가입하였으나 그 이전에 가입하였던 기업이나 단체를 다 합해도 아직 40개, 1%에도 미치지 못하고 있다.

왜 그럴까? 왜 우리나라 경제인들은, 왜 우리나라 기업들은 이 글로벌 콤팩트에 무관심할까? 아니면 기피하는 것일까?

이 지구서약의 내용을 들여다보면 조금 감이 잡히는 것이 있다. 그 안에는 4개 분야에 10대 원칙이 있다. 기업이 인권 보호, 노동권 보호, 환경 보전 및 반부패 등 네 가지 사회적 책임을 주도하고, 윤리경영에 앞장서야 한다는 내용이 있다. 전 지구적 보편원칙과 가치 체계를 자발적으로 합의하고 실천해 나가고 있는 것이다. 근로자들의 실질적인 결사의 자유 및 집단 교섭권 인정과 모든 형태의 부패 추방이 크게 부담스러웠던 것은 아닐까?

우리나라가 주춤거리는 사이 우리의 경쟁국인 중국과 인도의 기업들은 흔히 말하는 개발도상국인데도 불구하고 우리보다 3배, 4배나 많이 서명하여 우리를 훨씬 앞서가고 있다.

급기야 지난 3월에는 세계적으로 권위 있는 조사기관 보고서에서 중국의 반부패지수가 우리나라보다 앞선 아시아 7위로 발표되어 세계를 놀라게 하고, 우리나라 경제인들이 국제사회에서 얼굴을 들고 다니기 어렵게 만들었다. 아니, 반기문 유엔사무총장이 더 겸연쩍고, 창피하기도 하고, 난처해 졌는지도 모른다.

전 세계 최대 국제기구인 유엔의 사무총장 자리가 탐나 온 국민과 국가가 힘을 합해 우리 한국인을 진출시키는데 성공하였으나 정작 그 자리에서 수행해야 할 세계적 비전과 사명에는 모국의 기업과 경제인들이 관심이 없으니, 이를 어떻게 한단 말인가?

물론 지구서약 못지않게 엄격한 윤리경영을 꿈꾸거나 실천하는 기업인들의 모임인 '윤경포럼' 에 70여 개 기업 회원이 있어 조금 위안은 되지만, 지구촌 리더들의 모임인 다보스와 유엔 등 세계적 기구에서 우리 한국과 한국 기업, 그리고 한국 지도자들의 위상이 점점 왜소해지는 것이 불안하고 두렵다.

현재 전 세계 정치 · 경제 · 사회 지도자들의 최대 관심사인 기후방지협약에도 가입은 했지만, 경제대국 대한민국은 국가적 · 범국민적 에너지 감축 방안을 오늘 이 순간까지도 국내외에 천명하지 못하고 있다. 설상가상으로 세계적 모범 기업들이 자발적으로 합의하여 사회적 책임을 다하자는 지구촌 서약에서도 우리는 크게 뒤쳐져 가고 있다.

우린 지금 어디로 가려 하는가? 반기문 유엔 사무총장의 고민을 덜어 줄 우리나라의 정치 · 경제 · 사회 지도자는 어디 없을까?

(『서울신문』 CEO칼럼 2007년 4월 26일)

다시 원점에 서서

미국에서는 봄이 되면 많은 사람들이 '스프링 피버Spring Fever'라는 열병을 앓는다. 따사한 봄이면 봄바람 산들거리는 들녘으로 달려 나가고 싶은 충동은 우리도 마찬가지다.

흰 모래 빛 반짝이는 섬진강 양안을 따라 은은히 흐르는 매화꽃 향기를 맡아보려는 봄 생태기행은 언제나 우리들을 들뜨게 하곤 했다.

그러나 만 10년 전인 1997년의 봄은 잔인하였다. 펀더멘탈은 튼튼하니 걱정 말라던 우리 경제가 급속하게 위기 국면으로 치닫기 시작하였고, 신규로 직장을 잃은 사람들이 1년 사이에 100만 명에 육박해가는 사상 초유의 대공황이 시작되었다. 급기야 그 해 말 외환위기가 심화되면서 치욕의 일시적 국가 부도 현상까지 겪었던 것이다.

그 해 우리는 봄 생태기행 대신에 숲을 통한 사회적 일자리 창출을 연구하는 모임을 만들었다. 1984년부터 10여 년째 지속해 오던 캠페인 '우리 강산 푸르게 푸르게' 경험과 1930년대 미국의 대공황 때 루즈벨트 대통령이 젊은이를 위한 일자리 창출과 국토 자연환경 복원사업으로 큰 성과를 본 시민보전단 사례를 바탕으로 우리나라에서도 다양한 영림전문가 직종을 새로이 창출하여 너무 빼곡히 심어 울폐하여 시들어 가던 전국 방방곡곡의 인공 숲도 살리고, 1일 10만 명 이상의 일자리를 창출하려던 것이었다.

불행 중 다행이랄까. 이 제안은 그 해 겨울 일자리 창출 정책의 하나로 선정되었고, 1998년 3월 18일에는 '생명의 숲 국민운동'이라는 다영역간 생명운동으로 탄생될 수 있었다. 그 이후 푸른 숲 가꾸기, 학교 숲, 도시 숲, 전통마을 숲, 생태 산촌 만들기, 자연환경과 문화유산지키기 내셔널트러스트운동, 평화의 숲, 동북아 산림포럼, 미래 숲 운동 등 수많은 국민운동과 전문가운동으로 진화해 가면서 수백만 명이 참여하는 세계적 생태환경보전 시민운동이 되었다.

그러나 10년이 지난 이 봄, 우리는 다시 좌절의 봄을 맞이하고 있다.

경제활동가능인구 3,900만 명 중 60%만이 일자리를 가지고 있고, 나머지 40%는 일자리를 원하지 않는 것으로 간주되어 실업률 계산에서 빠진 소위 비경제활동 인구이다. 북유럽 선진국들의 비경제활동인구 비율이 20% 내지 30%인 점을 감안하면 우리나라의 실질 실업률은 통계상의 4% 이하가 아닌 14%가 되는 셈이다.

어디 그 뿐인가. 일자리가 양으로만 부족한 것이 아니라 질적으로도 계속 악화되고 있다. 대기업의 일자리는 지난 10년 사이에 200만 개에서 130만 개로 줄어들었고, 중소기업의 일자리 2,000만 개마저 풍전등화의 위기에 있다. 중국·베트남 등 신흥공업국의 공세에 대처해 보고자 상대적 저임의 제3국 근로자를 40여 만 명씩이나 초빙해 오기도 하고, 정규직 대비 월급이나 복지 혜택이 반밖에 되지 않는 비정규직을 전체 근로자의 50%가 넘도록 늘려 보았지만 상당수 내수기업, 특히 중소기업들의 미래는 그 어느 때 보다도 암울하다. 일자리가 없는 200만 젊은이들의 좌절은 산모 1인당 출산율 1.08명이라는 세계 최저 기록을 낳았다.

이제 우리는 좌절과 회의를 딛고 일어나 용기를 갖고, 다시 원점에 서야 한다. 한쪽으로는 선진국의 반도 되지 않는 전문직, 고부가가치 서비스직을 수백만 개 새로이 창출하고 또 한쪽으로는 해외시장에서의 미래형 일자리를 창출해 가야 한다. 또한 금수강산이었던 우리 본래의 아름다운 자연환경과 산천풍수와 문화유산을 복원하는 국민운동이 100년 전 '국채보상운동'처럼 전개되어 우리 민족의 기백을 되살리고, 우리 산천의 아름다움과 혼을 되찾을 때이다.

때마침 위기에 처한 자연환경과 문화유산 보전을 위한 국민신탁특별법이 세계에서 두 번째로 제정되어 3월 21일 시행에 들어간다.

지난 10년 세계적 생태·생명운동으로 자리잡아온 '생명의 숲 국민운동'과 이제 새로 태어나는 '자연환경과 문화유산 보전을 위한 국민신탁운동'이 힘을 합하고 범국민적 지지와 후원을 받아 전 국토의 8%나 되는 습지와 2,000km 이상의 자연형 하천이 보전되고, 500개 이상의 전통 마을 숲이 복원되어 10만 명 이상의 새로운 녹색일자리가 창출되고 우리나라가 진정한 녹색복지국가로 재도약 할 수 있기를 간절히 소망한다.

(『서울신문』 CEO칼럼 2007년 3월 15일)

이변의 2007 세계경제포럼

매년 1월 말, 눈 속에 파묻힌 스위스의 산간 마을 다보스에서 열리는 세계경제포럼(일명 다보스 회의)은 내게는 세계적 메가트렌드 파악과 지식 재충전을 위한 최고의 '윈터 스쿨'이다.

흰 눈에 덮인 산봉우리마다 눈사태를 막기 위한 검정색 방책들이 마치 인삼밭 장막처럼 줄줄이 늘어서 있고 수십 미터씩 곧바르게 자란 나무 숲 사이로 아름답고 긴 슬로프의 스키장이 곳곳에 펼쳐져 있는 다보스의 풍경은 늘 인상적이었다.

그러나 올 2007년 다보스의 모습은 달랐다. 첫날 다보스에는 눈이 거의 보이지 않았다. 100년만의 이상난동 현상이 스위스의 심산유곡인 다보스에서 마저 큰 이변을 낳은 것이었다. 둘째 날이 되어서야 조금씩 눈이 내리기 시작했지만 여전히 예전의 다보스는 아니었다.

올해의 원래 대주제는 힘의 이동이었다. 경제적으로는 유럽과 미국 등 선진국에서 중국과 인도 등 신흥 경제대국으로 급히 이동하는 힘, 세계화에 따른 고용불안 및 소득 불균형에 대해 불만이 누적되는 중산층들의 힘 등이었다. 지정학적으로는 점점 영향력이 커지는 자원 보유국들의 힘, 종합적 정보 보유 집단의 힘, 경영 측면에서는 기업의 사회적 책임에 대한 점증하는 요구, 제조업의 힘을 능가하는 유통 고객들의 힘 등이었다. 이렇게 12가지 '힘의 이동' 현상과 대처 방안에 대해 논의하려는 것이 주최 측의 본래 의도였다.

그러나 이변은 12개 주요 과제의 중요성을 매기는 전자투표 과정에서 일어났다. 기후변화 방지에 대한 대책 등이 과거에 매년 늘 다루어왔다고 하더라도, 2007년 주요 과제에서 빠져있는 것은 용납할 수 없다는 것이 사전 모임에 참석한 700여 명의 공통된 목소리였다. 경제인과 교수와 정부인사가 75% 이상을 차지하는 모임에서 환경이 큰 목소리를 내기 시작한 것이었다.

결국 원래 준비되었던 12개 분야를 10개로 통합해 재편하고 기후변화를 11번째 중요한 힘의 이동 과제로 선정하는데 합의하였다. 그러나 그게 마지막 이변은 아니었다. 11개 과제 중 어느 것에 우리 지구촌 지도자들이 하루 바삐 더 많은 준비를 해야 하느냐를 놓고 전자투표에 붙인 결과, 기후변화 방지가 55%로 1위였고 소득불균형 극복이 12%로 2위를 차지했다. 환경과 사회에 대한 관심과 열정이 경제적 관심을 압도한 것이었다.

개막식 날 기조연설은 정부 개혁 및 일자리 창출의 영웅이 되어 돌아온 독일연방의 여성총리 앙겔라 메르켈이 했다. 메르켈 총리는 세계화와 IT 기술 혁신 등에 따른 유럽 등 선진국 중산층의 고용불안과 소득 양극화 심화 현상 및 점차 심화되고 있는 신보호주의를 꿰뚫어보고 있었다. 그는 독일의 성공적 일자리 창출과 정부 개혁의 성공을 보고하면서 세계가 폐쇄와 신보호주의로 가선 안 되고 혁신과 상생의 길로 가야한다고 역설하였다. 메르켈 총리는 더 이상 쇠퇴해가던 독일연방 총리도 아니었고 신참 여성 총리도 아니었다. 그는 이미 세계에서 가장 신뢰받고 존경받는 통합적이고도 미래지향적인 리더가 되어 있었다.

특히 메르켈 총리가 기후변화 방지의 중요성에 대해 역설할 때 지난 10년 동안 기후변화 방지를 위한 세계적 노력에 냉담한 반응을 보이던 미국마저 부시 대통령이 미국의 상·하원 합동연설을 통해 향후 10년 내에 에너지 사용을 20% 감축할 것을 선언함으로써 세계는 이제 하나의 방향으로 힘을 모으기 시작했다는 것을 알 수 있었다. 중국을 비롯해 인도, 러시아, 브라질, 멕시코, 남아프리카 공화국, 베트남, 동구 신흥공업국 등은 10%~8%대의 초고속 성장을 이어가고 있었다. 그 세계적 변화의 한 가운데인 다보스에서 한국은 보이지 않았다. 200개가 넘는 공식 세션이나 50개가 넘은 비공식 세션에서조차 한국은 잊혀져 가는 듯 보였다.

2008년 세계경제포럼의 아시아지역 경제인 정상회의가 서울에서 열린다. 아무쪼록 우리 경제가 보다 환경친화적이고 사회친화적이 되어 우리나라보다 50배나 큰 세계 시장에 한국의 기업들과 젊은이들이 더 많이 진출하여 우리 경제가 질적으로 참성장을 해나가고 규모도 두 배, 세 배 커지기를 기원했다.

(『서울신문』 CEO칼럼 2007년 2월 8일)

혼이 있는 경제

중국이 앞서 나가고 있다. 13억 인구의 거대한 항공모함 중국이 인구 5천만 명도 안 되는 우리나라보다 발 빠르게 움직이고 있다. 중국이 11차 '5개년 계획' 에서 '혼(魂)이 있는 경제Soul Economy' 를 선언한 것이다. 그러면서 중국은 지금까지의 경제를 '육체 경제Body Economy' 라고 스스로 평가절하하고 있다.

유한양행과 유한킴벌리의 창업자인 유일한 박사가 기업의 사회적 책임을 강조하며 '혼이 있는 경영' 을 실천하였고 현 세대의 젊은 이들이 가장 존경하는 기업인인 안철수 의장도 늘 '혼이 있는 기업' 론을 갈파해 왔다. 그런데 유물론의 나라이자 세계 최대의 거대경제인 중국이 '혼이 있는 경제' 를 누구보다도 먼저 내세울 줄은 그 누구도 쉽사리 예상하지 못했다.

중국이 새로이 꿈꾸는 '혼이 있는 경제' 는 사람과 자연과 사회의 새로운 관계 즉 상생의 관계를 추구하고 있다. 지난 25년의 경제개발이 저임금 육체노동, 세계적 규모의 하드웨어 건설, 국가 주도의 경제 대국론에 기반한 것이었다면, 앞으로 25년~50년은 지식기반 소프트웨어 중심, 자원을 절약하고 환경을 상생시키는 환경친화적 기술과 산업 육성, 사회적 양극화를 최소화하는 사회통합적 경제발전에 주력하겠다는 국가적 의지의 표시인 것이다.

이런 의지와 열기는 지난 9월에 베이징에서 세계경제포럼WEF이 주최한 중국 기업인 정상회의China Business Summit에서도 확인할 수 있었지만, 지난 11월 18일과 19일 주말인데도 불구하고 지식사회와 지속적 혁신에 의한 가치창조와 고객창조를 평생 갈파하였던 피터 드러커Peter Drucker교수의 96회 생일 기념 심포지엄에 구름같이 몰려왔던 중국인 기업가와 전문가들의 진지한 태도에서도 재삼 확인할 수 있었다.

이제 중국이 저임금 산업국가에서 혁신주도형 지식사회로 재탄생하고 있는 것이다. 사람의 자발적 의지와 학습이 중시되는 창조경제로 나아가고 있는 것이다.

그런데 반해 우리나라에서는 전국 방방곡곡에서 아직도 시멘트 재정사업이 큰 인기를 끌고 있다. 지난 40년간 토건국가, 하드웨어 중심 국가 소리를 들어왔지만 소프트웨어 중시로 가기는커녕 점점 더 견고한 시멘트 토건 숭상 국가로 고착해 가고 있다. 수없는 신설 고가도로가 마을을 가르며 농촌을 피폐화시키고 전국을 거미줄처럼 메워가고 있다. 천혜의 갯벌이 메워지고 숲이 사라지고 이제 산과 하천이 파괴될 차례이다.

연간 수십조 원의 토건 건설비와 토지 보상비가 환경을 파괴하거나 이웃을 분열시키거나 부동산 거품을 극대화시켜 경제위기를 잉태하는데 쓰이는 대신에, 정보화 지식시대에 걸맞게 온 국민의 정보화와 지식화와 세계화에 쓰인다면 우리는 '일본열도 개조론' 이후 사상 초유의 부동산 거품 붕괴와 금융 파산과 경제 몰락과 암흑의 10년 터널을 지나 온 일본의 전철을 밟지 않을 수 있다. 하지만 우리나라는 지금 과도한 국토 개발과 남발하는 지역 개발 그리고 토지보상 경쟁, 부동산 투기 경쟁에 몰입해 가고 있다.

전체 기업의 99%, 전체 근로자의 87%가 종사하고 있는 우리나라 중소기업들의 평생학습 참여율은 8%도 되지 않는다. 특히 비정규직과 소기업 종사자들의 평생학습 참여율은 아예 2%밖에 되지 않는다. 기술과 지식이 하루가 다르게 급변하는 시대에 무학이나 문맹과도 다름없는 상태로 국민의 90% 가까이를 몰아가는 이 사회는 언제인기영합적 부동산 광풍에서 벗어나 혼이 있는 경제, 창조경제로 갈 수 있을까?

지난 10월의 서울 워커힐에서 있었던 세계지식포럼에서 하버드 대학의 교수이자 세계적 경쟁 전략 전문석학인 마이클 포터는 대한민국 경제 사회가 마치 부동산 거품 붕괴 직전의 15년 전 일본과 비슷해서 걱정이 된다고 말했다.

우리 사회의 폐쇄성과 정실주의, 낮은 생산성, 상명하달식 비민주적 경영체제, 공교육과 평생학습이 부재한 낮은 경쟁력, 부실한 금융 인프라 등이 걱정된다고 했다. 누가 이웃나라 일본과 중국과의 경쟁에서 우리나라 경제와 사회와 환경과 미래를 지킬 것인가? 누가 우리 사회를 세계 속에서 신뢰받고 존경받는 지식·문화 국가로 이끌어 줄 것인가? 이제 우리도 새로운 미래를 위해, '혼이 있는 경제'를 시작할 때이다.

(『서울신문』 CEO칼럼 2007년 1월 4일)

피터 드러커의 숲

우리가 피터 드러커 교수를 뵈러 간 것은 재작년 10월이었다. 그의 연세는 이미 95세였다. 캘리포니아 LA 부근 클레어몬트라는 조그마한 대학 도시로 찾아가 뵈었을 때, 그는 먼 한국에서 온 기업인과 학자들을 마치 친자식 대하듯이 친절하게 대해 주었다. 2시간이 넘는 인터뷰에서는 한국이 지난 30년 간 이룬 경제적 성과와 미래 잠재력에 대한 덕담을 잊지 않았다.

또한 그 때 막 나온 '데일리 드러커(오늘의 드러커)' 라는 책에 일일이 서명을 해주시면서 점심까지 함께 하자고 했다. 마침 창밖에는 폭우가 쏟아지고 있었고 부인 도리스 여사는 댁에 계시질 않았다. 어떻게 점심을 함께 하시자는 것일까 아연 궁금했는데 가까운 곳에 자주 가는 식당이 있으니 걱정하지 말라는 것이었다. 95세의 연세, 게다가 워커라고 네발달린 지팡이를 쓰시는 노교수께서 폭우가 쏟아지는데도 불구하고 우리를 위해 외출을 할 것이라고는 상상도 못하고 있었기 때문에 우리에게는 큰 감동의 순간이 아닐 수 없었다.

폭우를 뚫고 식당에 도착해 음식을 시킬 때도 그는 우리들 하나하나에게 질문을 해가며 각별한 친절과 배려를 하고 있었다. 그래서 선생님께서는 어쩌면 그토록 오래 젊음을 잘 유지 할 수 있으시냐고 여쭈었다. 그랬더니 '평생 공부가 사람을 젊게 만든다' (Life-long learning keeps people young)라고 말씀하시는 것이었다. 매사에 흥미를 가지고 평생 학습에 열중하다보니 늙을 시간이 없었다는 말씀이었다.

점심이 끝났을 때도 폭우는 지속되고 있었다. 다음해 한국에서 창립되는 피터 드러커 소사이어티 창립식에 꼭 오십사고 부탁드리며 우리는 아쉬운 이별을 했었다.

2005년 9월 창립식이 있던 날, 피터 드러커 교수는 더 이상 여행을 하실 수 없게 되어 아내 도리스를 대신 참석시키려 했지만 그것도 여의치 않아 축하 메시지만 보내주셨다. 그리고 두 달여 후 드러커 교수는 만 96세의 생신을 일주일 앞두고 별세하셨다.

그리고 6개월 후 클레어몬트의 피터 드러커 경영대학원에서는 성대한 추모식이 있었다. 미국 내 500대 주요 대기업의 전현직 CEO들과 세계적 석학들이 모여 그의 위대한 업적과 정신을 기렸다.

우리나라에서도 그의 추모식 겸 피터 드러커 소사이어티 헌장 선포식이 지난 6월 7일 서울에서 있었다. 각계 전문가 CEO들이 수백 명 참가하여, 현대 경영학의 창시자이자, 평생 학습을 통한 지식사회와 혁신 주도적 기업가 정신, 그리고 제3섹터의 창조적 역할을 중시하던 드러커 교수를 추모하였다.

반갑고도 놀라왔던 것은 피터 드러커 교수의 부인인 도리스 드러커 여사가 94세의 연세에도 불구하고 한국의 추모식에 몸소 참석해 주신 것이었다. 혼자 서도 비행기 여행을 곧잘 하시냐고 여쭸더니, 혼자 온 것이 아니고 180여 명이 함께 오셨다고 하셨다. 우리가 놀래자, 타고 오신 비행기의 탑승객 수가 그렇다며 장난스럽게 웃으셨다.

둘째 날 아침 7시부터 시작된 조찬 행사, 여러 번의 오전 인터뷰, 오찬 행사, 오후 내내 지속된 추모식, 헌장 선포식과 세미나, 그리고 잇따른 추가 인터뷰가 밤 10시까지 15시간이나 지속되었건만 도리스 여사는 각종 행사 때마다 단아한 자세를 조금도 흩뜨리지 않고 또렷한 말씀을 하시며 견뎌 내셨다. 우리는 그 건강과 정신력 그리고 열정에 감탄하지 않을 수 없었다. 그래서 어쩌면 40대 같은 젊음을 유지하시느냐고 여쭈어 보지 않을 수 없었다. 그랬더니 도리스 여사께서는 또 한 번 환히 웃으시며 당신의 기분은 늘 29살이라고 하였다. 또 한바탕 우리 모두 폭소를 하지 않을 수 없었다.

도리스 드러커 여사는 우리나라의 평생 학습 열기, 지식사회로 가기 위한 노력, 피터 드러커 소사이어티의 CEO 독서클럽 등에 대해 크게 감명을 받았다고 했다. 남편인 피터 드러커 교수가 왜 한국을 그렇게 찬양하고 왜 한국의 미래를 밝게 보았는지를 이해할 수 있게 되었다고 했다. 또한, 피터 드러커의 유지에 따라 당신이 피터 드러커 소사이어티의 헌장 선포식에 직접 참석할 수 있었던 게 행복하다고 하였다.

도리스 드러커 여사는 4일 간의 일정을 마치고 난 후 작별이 못내 아쉬운 듯했다. 우리도 꼭 같은 심정이었다. 갑자기 그는 내게 조용히 다가와 나무를 한국에 심고 싶다고 하시며 두 그루의 나무 값을 억지로 내 손에 쥐어 주셨다.

그 순간 피터 드러커 교수와 도리스 드러커 여사의 68년에 걸친 아름다운 사랑이야기 그리고 그들의 한국사랑 이야기가 주마등처럼 뇌리를 스쳐 지나갔다. 그들의 사랑과 지식사회에 대한 열망이 아름다운 두 그루 나무가 되어 이 땅에서 영원히 지식과 사랑과 나눔의 숲으로 커 가기를 어느새 나는 기도 하고 있었다.

(『매일신문』 시론 2006년 6월 29일)

꿈꾸는 행복

강원도를 '동북아시아의 스위스'로 만들어 보자는 것은 환경재단 최열 대표나 생명의 숲 국민운동을 맡고 있는 나에게는 아주 오랜 꿈들 중의 하나이다. 아름답고 높은 산들과 계곡과 숲과 수많은 호수들, 그리고 강들이 어우러진 강원도는 우리에게는 생명의 상징이자 생명의 근원이요, 마치 어머니의 품과 같은 곳이다.

스위스와 강원도는 산악이 전체 면적의 3/4 이상을 차지하고 있다. 고산지대면서 숲의 임목 축적량이 세계적 수준에 달하고 있다. 아름드리 침엽수들에서 펴져 나오는 피톤치드의 살균력과 신령한 기운이 넘치는 치유의 공간이기도 하다.

특히 스위스는 유럽의 지붕이고 강원도는 한국의 지붕으로써 모든 물줄기가 시작하는 곳이다. 스위스에서는 유럽의 3대 하천인 라인 강, 론 강, 그리고 도나우 강이 발원하고 강원도에서는 우리나라의 최대 하천인 북한강과 남한강의 물줄기가 첫 굽이를 이룬다.

그러나 스위스와 강원도 사이에는 크게 다른 점이 있다. 스위스가 영세중립국으로써 세계의 평화지역으로 자리 잡고, 제네바·취리히·바젤·다보스 등과 같은 작지만 세계적인 도시와 각종 국제기구의 본부를 가지고 있는데 반해 강원도에는 평창 동계올림픽 유치노력 외에는 이렇다 할 국제적 기구나 활동이 거의 없다.

인구가 만여 명밖에 되지 않는 고산 스키도시 다보스에서는 올해도 2천명 이상의 세계적 경제·사회·환경 정치 지도자들이 모였었다. 6박 7일의 강행군 속에서 200여 개의 토론회를 소화해 내고 세계의 주목을 이끄는 5개의 주제를 선정해 발표하였다. '세계경제포럼' 이 그 작은 도시에서 36년째 열리고 있는 것이었다. 특별히 반듯한 대규모 국제회의 시설이 있는 것도 아닌데 수십 개의 크고 작은 호텔들과 중간 규모의 콩그레스 센터 하나만 가지고 이처럼 세계적인 역할을 하고 있다는 것이 놀라울 지경이다. 스위스인들의 효율성에 탄복하지 않을 수 없다. 특히 이런 연례행사와 관련된 연구 활동이나 연수지원 활동을 통해 매년 천억 원에 가까운 순수입까지 창출한다니 그저 경이로울 뿐이다.

이런 연고로 강원도에도 세계적인 포럼과 국제기구가 들어서기를 꿈꾸었던 것이다. 어언 7년 전 일이다. 한강 유역 물 관리 종합대책의 일환으로 개발이 억제될 상류의 강원도민들을 위해 서울·경기도·인천 등 하류 유역의 시민들이 '물이용 부담금' 을 무는 새로운 제도의 신설을 함께 추진할 때의 일이다.

그간의 수많은 우여곡절을 지나 드디어 올해에는 유엔환경계획 UNEP 산하 생태평화 리더십센터가 강원도 강원대학교 내에 창립될 예정이다. 전국의 관심 있는 교수 전문가들이 소속을 초월하여 참가하고 생명의 숲 국민운동, 환경재단, 동북아산림포럼, 평화의 숲 국민운동, CEO환경경영포럼, 유한킴벌리 등이 적극 후원할 예정이다. 환경부와 산림청, 강원도도 각별한 관심을 가지고 이 새로운 시도의 성공을 축원하고 있다.

이 유엔환경계획 생태평화 리더십센터는 주로 아시아의 시민사회 지도자들과 우리나라 시민사회가 함께 만나고, 꿈꾸고, 연구하고, 활동하는 만남과 소통과 협력의 장이 될 것이다.

처음에는 25개 안팎의 주요 현안 과제를 현지의 민간 지도자들과 생태평화 리더십 센터에 소속해 있는 100여 명의 자원봉사 교수, 전문가들이 현장을 오가면서 공동연구하고 온라인 방식으로 강의·지도한 후 연 1회 강원도에서 '세계 생태환경 포럼'을 개최하여 그 연구 및 활동 결과를 보고할 계획이다. 보람이 있는 것은 유엔환경계획은 물론이고 유엔사막화방지기구UNCCD, 유엔산림포럼UNFF 등 직간접 관련 기구 모두가 이 새로운 꿈의 성공을 진심으로 축원해 주고 있는 점이다. 7년 만에 이룬 작은 성취인 것이다.

흥미로운 것은 유엔환경계획의 아시아 소장을 맡고 있는 슈레스터 소장이 유엔 생태평화 리더십센터의 추진 배경을 알고 나서는 동남아시아의 주요 하천의 발원지인 히말라야 산맥의 상수원 보호운동에 우리들의 꿈과 노력과 경험을 활용하고 싶다고 했다. 25개의 프로젝트 중에서 최소한 몇 개를 히말라야 상수원 보호 및 유역관리 프로젝트로 하자는 합의가 즉석에서 이루어졌다. 강원도 상수원 지키기에서 시작한 하나의 '작고' 오래된 꿈이 아시아로 뻗어나가 히말라야의 물줄기를 지키자는 아시아의 '큰' 꿈 하나를 탄생시킨 것이었다.

10년, 아니 100년이 걸릴지도 모르는 꿈을 키워 나가는 시민운동가들은 한편으로는 무모해 보이지만 다른 한편으로는 가장 행복한 사람들이다. 자신의 머리로 남의 행복을 꿈꿀 줄 알고 그 꿈을 함께 이루기 위해 자신의 탤런트를 다 바치는 사람들처럼 행복한 사람이 이 세상 어디에 있을까?

(『매일신문』 시론 2006년 6월 1일)

2006 다보스

2006년 세계경제포럼이 오는 1월 25일 스위스의 다보스에서 열릴 예정이다. 인구가 1만 3천 명도 안 되는 스위스의 조그만 산간 도시에 올해도 천 명에 가까운 전 세계의 주요 경제 지도자들과 정치·사회 지도자들이 함께 모여 지구촌 주민회의를 열 예정인 것이다.

작년의 지구촌 주민회의에서는 14대 대주제를 놓고 수십 번의 즉석 전자투표 방식에 의해 우선순위를 정하면서 6대 주제를 최종 선정하였다. 그 중에서도 상위를 차지한 주요 관심 주제가 빈곤, 양극화 없는 세계화, 기후변화, 교육 등 4가지 사회적 내지는 환경적 주제였고 그 뒤를 지구적 관리체제와 중동문제가 차지했었다.

우리나라 경제인들의 모임에서는 좀처럼 공식 화제로 선택될 수 없는 그런 주제들이었다. 영하 15도를 오르내리는 혹한의 날씨였지만 임시회의 장소로 이용되고 있는 10여 개의 크고 작은 호텔들을 이른 아침부터 밤늦게까지 오가며 열심히 토론에 참여하는 세계적 지도자들의 모습은 정말 듬직하였다. 5일 내내 쉬지 않고 열심히 토론에 참석하여도 200여 개로 분산 개최되고 있는 세션 중 30여 개 정도에 직접 참석할 수 있는 것이 고작이었지만, 6대 주요 과제 중 본인이 선택한 2개 관련 세션들은 거의 모두 들을 수 있는 것이 좋았다.

내가 주로 참여한 세션들은 양극화 없는 세계화와 기후변화에 관련한 것들이다. 그래서 2004년도 노벨평화상 수상자인 케냐의 여성 및 그린벨트 운동가 왕가리 여사와 자주 만날 수 있었다. 특히 세계 최고의 부호이자 세계 최대 기부자이기도 한 젊은 기업가 빌 게이츠가 다보스회의를 창립한 노익장 클라우스 슈밥 교수와 함께 공동 의장을 맡으며 세계경제포럼을 사회친화적이면서도 환경친화적으로 이끌어 가는 것이 부럽기도 하고 자랑스럽기도 했다.

또 한쪽에서는, 60여 명의 세계적 대기업의 회장들이 자국에서의 반부패 투명화 노력을 열심히 설명하면서 공동서명 내용을 공개하고 있었다. 세계가 어디로 달려가고 있는지를 행동으로 보여주고 있는 것이었다.

올해 2006년도의 주요 주제 중의 하나로 기업의 사회적 책임이 채택될 듯하다. 2000년 7월 유엔이 주도하여 글로벌 콤팩트 운동이 시작된 이래 5년여 만에 반부패, 인권, 노동, 환경, 교육 등 주요 영역에서 기업이 반드시 지켜야 할 사회적 책임을 심도있게 논의할 수 있을 것이다.

미국이 매우 엄격한 기업회계와 투자보호법SOX을 2002년에 제정·실시하고 있고 세계표준화기구ISO는 2008년 제정을 목표로 사회적 책임에 대한 표준 가이드라인을 ISO 26000 체제로 명명해 추진하고 있다.

우리나라에서도 일부 대기업들이 기업의 사회적 책임 보고서 발간을 통해서 기업의 경제적 성과와 함께 사회적 성과와 환경적 성과를 함께 관심을 갖고 그 결과를 이해 당사자 모두와 공유하려는 노력을 하고 있다. 늦었지만 올바른 방향으로 가고 있다. 시작이 반이다.

이제 내친김에 기업이 가지고 있던 엑스파일X-File들을 다 열어 보여 과거를 솔직히 고백하고 청산해야 한다. 우리의 기업들을 진정한 자유업, 미래 기업으로 다시 태어나게 해 새로운 성장 엔진을 달고

밝고 깨끗한 새로운 블루오션으로 나아가야 할 때가 된 것이다. 우리 기업과 기업인들이 진정 신뢰받고 존경받을 수 있는 기회, 우리의 기업들이 100년을 넘어 지속가능한 장수기업들이 될 수 있는 기회, 우리나라가 진정 살맛나는 나라가 되고 세계 초일류 선진국이 될 수 있는 기회가 우리에게 가까이 다가와 있는 것이다.

(『매일신문』 시론 2006년 1월 12일)

02

사람은 **무엇**을 위해 **살아야** 하는가

1

사람중심
공동체운동을 제안한다

사람은 무엇을 위해 살아야 하는가

우리 경제는 대외지향적 수출제일주의 아래서 고도 경제성장을 이룩했다. 하지만 그동안에 쌓여 온 여러 가지 불균형과 모순이 일시에 표출되어 이 사회가 지금 어디로 향해 달려가고 있으며 또 앞으로 어디로 향해 나아가야 할 것인가에 관한 보다 근본적인 성찰이 없이는 자칫 허상을 쫓는 결과를 가져올 위험성마저 없지 않다. 이런 점에서 경제발전을 위해서도 근본적인 방향 설정의 필요성이 절실하다.

경제학의 근본은 물질적 풍요이지만…

흔히 인간의 경제 행위의 근본적 동기는 궁핍으로부터의 해방과 물질적 풍요의 추구라고 말해 왔다. 가용자원은 무한히 주어져 있는 것이 아니기 때문에 그것을 가장 효율적으로 이용하여 풍요로운 경제사회를 이룩하는 것이야말로 모든 사람의 애달픈 염원이라고 할 수 있다. 이 점을 부인하는 사람은 아마도 없을 것이다. 바꾸어 말하면 인간의 경제 행위의 1차적 목적이 물질적 행복의 추구에 있다는 것이다.

지금까지 나타난 모든 경제학은 물질적 행복의 추구가 경제 행위의 근본이라고 본다. 경제학의 출발점이었다. 마르크스의 『자본론』이 상품의 분석으로부터 시작되고 신고전파 경제학이 한계효용이나 무차별 곡선의 이론으로부터 시작된다는 것에서도 그러한 사고방식은 잘 나타나 있다.

그러나 또 한편에서는 인간의 행복이 결코 물질적 풍요로움 속에서만 구해지는 것이 아니라고 보는 유력한 견해가 있다. 불교는 인간이 현세적인 물질적 욕망을 극복하지 않으면 진실한 행복의 경지에 도달할 수 없다고 가르쳐 왔다. 유가는 인의 사상을 강조하면서 인간으로서의 도리를 다하지 못하는 한 행복에 도달할 수 없다고 가르쳐 왔다. 그리스도교에서도 예외가 아니다. 사람들이 동포를 자기 몸과 같이 아끼고 사랑하지 않는 한 진실한 행복은 있을 수 없다는 것이 그리스도교의 근본 사상이다. 모든 성현들의 가르침은 인간의 행복이 결코 물질적인 행복의 추구에서 이룩되는 것이 아니라는 것을 강조하고 있는 것이다.

인간은 빵만으로 사는가?

인간은 빵만으로 사는 것은 아니다. 인간의 행복이 물질적 풍요로움 속에만 있지 않다는 말이다. 물질적 풍요로움만이 행복의 요체가 아니라는 것을 유달리 강조한 사람으로 톨스토이가 있다. 그는 『인생론』에서 물질적 욕망의 추구만으로는 결코 진실한 행복에 도달할 수 없다는 것을 여러모로 분석하고 있다.

물질적 욕망의 추구에는 절대로 한계가 있을 수 없다. 욕망을 달성해 일시적 또는 순간적으로 희열을 맛볼 수 있다손 치더라도 그것은 어디까지나 일시적이고 순간적인 것에 지나지 않는다. 멀지 않아 권태와 낙망이 찾아온다.

왜 그럴까. 그 이유는 인간이 자신의 물질적 욕망을 키우기 위해서 타인의 그것을 깎아내리지 않을 수 없도록 되어 있기 때문이다. 자신의 욕망 충족과 타인의 그것 사이에는 끊임없는 대립과 경쟁의 관계가 존재한다. 자기가 보다 더 행복해지기 위해서는 다른 사람의 행복을 깎아내려야만 한다. 하지만 이런 상태로는 결코 인간의 행복이 실현될 수 없다. 이것이 톨스토이의 생각이다. 그러므로 사람이 진실한 행복으로 이르는 길은 보다 많은 물질적 욕망의 충족을 위해 줄달음치는 게 아니라는 걸 깨닫는 데 있다. 오히려 서로가 서로를 사랑하는 곳에서만 행복을 찾을 수 있다는 것이 톨스토이의 주장이다.

톨스토이의 견해는 다분히 종교가적 입장에서 본 사랑의 논리이다. 하지만 문제는 사람들이 물질적 궁핍으로부터 벗어나지 못한 상태에서도 과연 사람들 사이에 사랑하는 마음이 보편화될 수 있을까 하는 점이다. "의식주 족하여 비로소 예절을 안다"라는 말이 있다. 서로가 서로를 사랑하는 복된 이상사회가 이룩되기 위한 전제 조건은 역시 물질적 풍요로움이라는 뜻이다. 다만 이 경우에 강조되어야 할 사실은 물질적 풍요로움의 달성은 그 자체가 자기 완결적인 목적으로 될 수 없고 또 그래서는 안 된다는 점이다. 물질적 풍요로움은 서로가 서로를 사랑하는 가운데 인간이 인간답게 살아가기 위한 수단으로써 가치가 인정되는 것이지, 그 이상도 이하도 아니라는 사실을 이 기회에 다시금 확인해 둘 필요가 있다.

물질 절대주의는 갈등의 근원

사실 그 동안의 우리 경제가 여러 가지 면에서 중증을 노출하게 된 근본 원인도 인간 생활에 있어 경제의 역할을 정당하게 파악하지 못하고 경제 그 자체만을 절대시하거나 지나치게 중요시한 데서 비롯되었다고 해도 과언이 아니다. "의식주 족하여 예절을 안다"는 말 가운데서 '의식주'는 사람다운 생활(예절)을 갖추기 위한 수단임에도 불구하고 '의식주' 그 자체만을 지나치게 강조하여 경제성장 제일주의나 수출 제일주의를 마치 '국시' 같이 떠받들어 왔던 데서 그동안의 여러 가지 모순과 갈등의 근원이 싹트게 된 것이다.

배금주의, 한탕주의, 도의의 저락, 투기의 만연, 인구의 도시 집중, 공해 문제, 만성적 인플레이션과 국제수지 불균형, 외채 누적, 특혜 경제와 고질적 부패, 문어발식 가족 중심 재벌의 급성장과 중소기업의 상대적 정체, 비생산적 경제 분야의 지나친 팽창, 도시와 농촌 사이의 불균형 심화, 노사 간 갈등, 소득 불균형 심화, 경제의 대외의존도 심화와 자립경제의 좌절, 비정규직 문제 등 지금 우리 앞에 놓여 있는 이 모든 문제들이 그 근원을 따져 놓고 보면 앞서 말한 대로 가치관의 전도에서 비롯되었다고 해도 과언이 아닐 것이다.

경제 성장 그것만으로는 우리에게 복된 삶을 가져다 주지 못한다는 점은 일제하 우리의 쓰라린 경험이 좋은 교훈을 남겨 주고 있다. 일제 강점기 때 철도가 부설되고 도로가 발전하고 공장과 학교가 세워지고 농업 생산성도 향상되었다. 분명히 경제는 성장하였다. 하지만 우리 민족의 삶은 한일합방 이전에 비하여 훨씬 더 비참했다. 비근한 예로 1914~1919년과 1930~1933년 이 양 기간에 쌀의 생산성은 크게 증대하였지만 쌀의 1인당 소비량은 0.707석에서 0.450석으로 3분의 1이 감소하였고 보리·조·콩 등을 합한 전체 양곡 소비량은 2.03석에서 1.67석으로 18%나 감소했다.

물질 대가 넘어선 가치가 절실

이 사실 하나만 놓고 보더라도 경제 성장 그 자체만으로는 반드시 행복의 증진을 가져다 주는 것이 아니라는 사실을 확인할 수가 있다. 지금 우리에게 있어서 가장 시급한 것은 물질적 풍요로움 그것만일 수는 없다. 그것은 인간다운 삶을 위한 수단일 수는 있어도 그것 자체가 목적일 수는 없다. 인간다운 삶의 내용은 사랑일 수도 있고(그리스도교), 해탈일 수도 있고(불교), 인의일 수도 있다(유교). 그 어떤 입장에서건 그것은 물질적 풍요로움을 넘어선 보다 높은 가치의 추구이어야 한다.

K. E 보울딩Boulding이 말하는 '사랑의 경제학' 또는 '증여의 경제학'에 입각해야 하는 것일지도 모른다. 또 요사이 흔히 말하는 '유교자본주의'(또는 공동체적 자본주의)의 원리이어야 할지도 모른다. 그것이 어떤 것이든지 간에 사람중심주의적인 방향으로 가치관이 대전환해야 한다는 것은 틀림없는 사실이다.

반부패 척결을 위한 호소문

지금 우리는 중대한 기로에 서 있습니다. 많은 사람들이 신자유주의의 지배 아래, 남을 제치고 자기만 살아남을 길 찾기에 혈안이 되어 있어 삶의 오랜 터전인 각 부문에서 공동체정신이 파괴, 실종되어 가고 있기 때문입니다.

인간의 본성인 공동체정신을 새롭게 찾아내고 일상생활의 현장 곳곳에서 공동체정신 회복 운동을 펼쳐야 합니다. '공동체 만들기' 운동은 사상과 신념, 종교와 종파, 정당과 파벌, 농촌과 도시, 대기업과 중소기업, 남과 북의 국민 모두에게 시급히 요구되는 시대적 과제입니다.

모든 사람이 복된 삶을 누리고자 하는 것은 인간의 공통된 염원입니다. 그것은 새로운 '21세기형 사회공동체'가 만들어질 때 비로소 실현될 수 있습니다.

이 땅의 모든 양심적인 인사들이 모여 순수한 시민운동의 원칙을 지키면서 인본주의적인 '21세기형 사회공동체' 의 창조를 위한 광범한 사회운동을 펼쳐 나가야 할 때입니다.

삼성그룹이 그동안 검찰과 법원은 물론 청와대, 국정원, 그리고 국세청 직원들까지 정기적인 '뇌물' 을 통해 관리하고 있었다는 최근의 폭로는 우리를 더욱 분노하게 하고 좌절케 합니다. 가장 엄정해야 할 국가기관의 권위와 신뢰가 한 기업에 의해 이토록 허무하게 무너질 수 있다는 사실은 공동체정신의 상실 정도가 얼마나 심각한 수준인가를 실증하고 있는 것입니다. 또한 이러한 현실이 벌어지도록 방치한 현 정부와 정치권에게도 책임을 묻지 않을 수 없습니다.

나아가 부패와 비리에 관한 한 그 누구에게도 뒤지지 않은 이명박 후보와 차떼기로 상징되는 또 다른 비리의 주범인 이회창 후보까지 등장한 것은 참으로 서글픈 일입니다.

부패 척결은 사회 공동체정신을 회복하는 핵심입니다. 삼성 비자금 및 검찰·국세청의 떡값 비리 의혹 등 부패비리 행위를 근절하기 위해 특검법 발의를 통한 엄정한 수사를 촉구해야 합니다. 이번 사건은 몇몇 사회단체와 소수 언론의 힘으로 진실이 밝혀지기 매우 힘든 사건입니다. 때문에 NGO 창조한국 공동체특별위원회는 부패척결 범국민운동본부를 즉각 결성할 것을 제안하며 모든 시민단체가 이 국민운동에 동참해 주실 것을 부탁합니다.

2007년 11월 7일

사람창조 공동체특별위원회

시민운동가라면
'사람중심 희망의 공동체운동본부'에 동참해야

지금 우리는 커다란 갈림길에 놓여 있습니다. 우리 민족 내부에 공동체정신이 실종되어 가고 있기 때문입니다. 모든 사람들이 신자유주의 지배 아래 남을 제치고 자신만 살아 남을 길 찾기에 혈안이 되어 있습니다. 많은 사람이 돈의 노예로 전락하고 이웃을 돌보지 않으면서 오로지 자기 이익만을 챙기는 데 골몰하고 있습니다. 세계에서 1인당 교통 사고율이 가장 높은 나라가 대한민국입니다. 이것도 다른 차보다 앞서가기 위해 우선 끼어들고 보려는 행태 때문에 일어나는 현상입니다.

사람의 본성이 원래 이런 것은 아니었습니다. 사람은 가족이라는 공동체 속에서 태어나고 그 속에서 자라납니다. 가족 성원이 자기 가족에게 성의를 다해서 봉사하면 가족은 한 몸의 공동체로 서로를 따스하게 아껴줍니다. "하나는 전체를 위해 전체는 하나를 위해"라는 원리가 관통합니다. 이렇게 사람은 태고시대 이래 혈연 공동체와 부락 공동체 속에서 살아왔습니다.

인간의 본성은 '공동체정신'

인간의 긴 역사는 농촌공동체의 역사였습니다. 물질적으로는 궁핍했을지라도 농촌의 훈훈한 인정과 같은 공동체정신은 사회를 지탱하는 버팀목이었습니다. 그러나 이제 자본주의 경제의 물질만능에 의해 공동체정신이 사라져 가고 있습니다.

아무리 물질적으로 풍요해도 공동체정신이 없으면 사람은 결코 행복할 수 없습니다. 서로가 서로를 적대시하고 남을 이겨야만 자기가 잘 살 수 있다고 생각해야 하는 세상에서는 행복할 수 없습니다. 따라서 오늘과 내일의 행복을 찾기 위해서는 무엇보다도 새로운 공동체정신을 만들어내야 합니다.

모든 종교의 공통점 '공동체적 사랑'

모든 종교가 공동체적 사랑의 원리를 가르쳐 왔습니다. 지금 우리 사회를 지배하고 있는 자신만을 위한 '기복신앙'은 결코 종교의 참된 모습이 아닙니다. 자신의 이익만을 추구하는 사람은 '수전노'라는 비난의 화살을 받고 남을 위해 자기를 희생한 사람을 '의인'이라는 칭송을 받는 게 사회의 통념입니다. 그것은 공동체정신을 기준으로 사람을 평가하는 것입니다.

삶의 사회적인 터전인 공동체사회를 만들기 위한 운동은 삶의 모든 현장과 깊이 연관되어 있습니다. 교회, 사찰, 가정, 직장, 사업장, 개인 등 일상 생활의 모든 현장에서 공동체사회 만들기 운동을 펼쳐야 합니다. 공동체사회 만들기 운동은 종교와 종파, 정당과 파벌, 농촌과 도시, 대기업과 중소기업, 남과 북의 국민 모두에게 시급히 요구되는 시대적 과제입니다.

더욱이 남과 북으로 허리가 잘린 채 반세기 이상 신음해 온 우리 겨레에게 그 무엇보다 소중한 과제는 인간의 본성인 공동체정신이 살아 있던 옛날 농촌에서처럼 이웃을 서로 사랑하고 아끼는 정신을

21세기의 공동체사회 속에 채워 넣는 것입니다. 공동체사회 만들기 운동은 각자의 삶의 현장에서 멀리 떨어져 있지 않습니다. 노사 간의 대립도 사용자가 종업원을 자기 몸처럼 사랑하고 아끼고 종업원 또한 자기 직장 안에서 공동체정신을 발휘한다면 자연히 해소될 수 있습니다. 신자유주의 경쟁 체제의 최대 맹점은 바로 공동체 원리에 입각한 사회적 공공성의 가치를 망각하고 있다는 것입니다.

농업과 농민과 농촌의 문제도 개별 농가의 차원이 아니라 공동체 정신으로 해결하지 않으면 활로를 찾기 어렵습니다. 수도권과 지방, 재벌과 중소기업, 육아, 노인, 건강, 교육, 사회복지 등 거의 모든 분야의 문제에 공동체정신을 발휘하면 쉽게 해결의 길을 찾을 수 있습니다. 당면한 FTA 문제도 공동체정신 없이는 극복하기 어렵습니다.

공동체의 틀, 개인과 사회의 하모니

공동체정신을 강조하면 개인의 자유와 권리를 무시하는 것으로 생각하는 사람도 있을 것입니다. 그러나 개인의 기본권을 부정하는 것은 결코 아닙니다. 개인은 유사 이래 독립적이고 고립적인 존재가 아닙니다. 개인은 어디까지나 공동체와 더불어 존재해 왔습니다. 개인의 인권과 개성을 존중하면서 사회와 공생하는 인간을 지향하는 새로운 사회공동체의 틀을 만들자는 것입니다. 우리 민족의 정체성을 고양하고 민족문화의 창달에 의한 역사의식의 발현도 이러한 공동체사회 만들기 운동의 근간입니다.

모든 사람이 복된 삶을 누리는 것은 인간의 공통된 이상입니다. 새로운 21세기형 희망의 공동체사회가 만들어질 때 비로소 실현될 수 있습니다. 사회정의도 이러한 공동체정신에서 출발하는 것입니다. 이 땅의 모든 양심적인 인사들이 모여 순수한 시민운동의 원칙을 지키면서 인본주의적인 '21세기형 공동체사회'를 창조함으로써 우리 모두가 인간답게 살기 위한 역사 창조의 광범위한 새로운 사회운동을 펼쳐 나가기를 제안합니다.

2007년 11월 9일

사람중심 공동체특별위원회

사람중심 공동체사회의 정치경제학

문국현 유한킴벌리 사장 등이 주축인 '희망포럼' 은 금년 벽두 기자회견에서 사람중심의 경제사회 실현을 위해 무엇보다도 양극화 문제 해결이 중요하다는 점을 강조하였다. '사람중심의 경제사회' 라는 화두는 필자가 1984년 경향신문사 창간 기념 심포지엄에서 발표한 논문의 제목이었다. 이 내용을 필자의 『경제원론』(일조각, 1987)의 한 장에 실었다. 20년이 흐른 오늘날 이 화두가 부활하였다. 전폭적으로 환영한다.

사람중심이란 무엇인가. 우선 사람이란 어떤 존재인가를 분명히 해야 한다. 지금은 개인주의 사상이 팽배해 공동체정신이 거의 실종되었다. 하지만 인간은 이 세상에 태어났을 때부터 공동체를 떠나서 존재한 적이 없다. 유구한 인간의 역사는 공동체의 역사였다. 그래서 수많은 학자들이 인간은 사회를 떠나서 존재할 수 없는 사회적 동물이라고 말했다. 인간의 공동체성을 강조한 것이다. 희망포럼이 내거는 '사람중심의 공동체사회' 라는 것도 결국 사회의 모든 면에서 사람의 본성인 공동체정신을 회복해야 한다는 점을 강조한 아포리즘이다.

양극화 해결의 실마리 '공동체의식 회복'

한국사회의 심각한 문제로 등장한 사회의 양극화 문제도 실종되어가고 있는 공동체의식을 회복해야만 해결의 실마리를 찾을 수 있다. 남이야 어찌 되었건 나만 잘 살면 된다는 사상이 지배하는 상황 아래서는 양극화는 당연한 일로 치부될 수밖에 없다. 애당초 양극화의 문제 그 자체가 제기될 여지가 없다.

현재의 양극화 문제는 사회계층간에서만 나타나고 있는 것이 아니다. 각 계급과 계층 안에서도 심각하게 나타나고 있다. 대재벌과 중소기업 그리고 영세 상공업과의 격차는 더욱 벌어지고 있다. 노동자계급 안에서도 대기업 노동자와 중소기업 노동자 그리고 정규직과 비정규직 노동자 사이의 양극화 현상은 점점 더 심각해지고 있다. 이에 따라 노동운동마저도 양극화의 흐름에 휩싸이고 있다. 주로 대기업 노조들의 결집체인 민주노총과 한국노총은 전체 노동자의 11% 정도의 조직률을 넘지 못하는 가운데 비정규직 노동자 문제 해결의 중요성을 외치면서도 이렇다 할 대책을 내놓지 못하고 있는 실정이다. 비정규직 노동자 문제 해결을 위한 노사정위원회 구성은 논의만 무성할 뿐 돌파구를 마련하지 못하고 있다.

농촌에서도 양극화의 부작용은 많은 농민들을 절망으로 몰고가, 농민들 스스로 목숨을 끊게 하는 사태가 벌어지고 있다.

양극화의 현상은 IMF사태 이후 밀어닥친 신자유주의적 국제 금융자본의 침투에 따라 빚어진 결과이다. 신자유주의를 뒷받침하는 경제이론은 레온 왈라스Leon Walras가 창설한 한계효용학설과 일반균형이론을 바탕으로 한 신고전학파 경제이론이다.

신자유주의 비극, 인간을 경제동물로!

신고전학파 경제학은 지금 세계 전체를 휩쓸고 있는 신자유주의 경제정책의 모체이다. 이 이론에서는 피도 눈물도 없이 자신의 물질적 만족감의 극대화만을 위해 행동하는 '경제인'이 이론적 전제로 설정되어 있다. 인간과 인간 사이의 사회적 관계도 단순히 물질적·기계적인 것으로만 바라본다. 거기에는 계급 간의 대립이나 착취와 피착취의 관계가 비집고 들어갈 여지가 없다. 각 개인은 단순히 생산에 기여하는 생산 요소의 제공자로 간주되며 인간적 요소는 완전히 빠져있다.

신고전파 경제학과 대립되는 마르크스의 경제학은 어떤가. 역시 사람의 본질인 공동체를 그 이론체계 안에 담아내지 못하고 있다는 점에서는 신고전파 경제학과 똑같은 제한성을 갖고 있다. 마르크스의 『자본론』 첫머리에는 자본주의가 상품이 지배하는 사회이므로 이 사회에 관한 분석은 상품 분석으로부터 시작되어야 한다고 말한다. 마르크스는 자본주의에서의 인간 상호간의 물적 관계 분석과 그것을 바탕으로 한 계급적 대립과 착취 관계를 폭로하는 데 초점을 맞추고 이론을 전개했다. 그렇기 때문에 마르크스의 이론 체계에도 인간의 본질적 특성인 공동체가 비집고 들어갈 여지가 없어졌다.

필자는 전 세계적으로 위력을 떨치고 있는 위 양자의 이론이 공동체를 출발점으로 하고 그것을 중심으로 하는 이론 체계로 변증법적 통일을 이룩하지 않고서는 현실 경제 문제에 대한 올바른 해결 방안을 제시할 수 없다는 입장을 「공동체의 경제학」(『사회경제평론』 제26호) 등 일련의 논문을 통해 밝혀왔다.

그런데 공동체적 인간을 이론의 출발점으로 삼는 경제학의 입장에서 볼 때 지금까지 한국 경제가 걸어 온 성장 일변도의 정책은 매우 그릇된 방향이다. 한국의 여론지도층 인사들은 선진국을 따라잡기 위해 경제성장을 우선으로 하고 분배는 뒤로 돌리자고 주장해 왔다. 경제개발 초기에는 그런 말이 어느 정도 설득력을 갖고 있었다. 빵을 키워 놓아야 나누기 위한 파이가 커질 수 있다. 그러나 수십 년 동안 기다려도 여전히 성장 우선이 지속되고 일반대중에 대한 분배는 언제나 뒷전으로 밀려나고 있는 실정이다.

사람들은 흔히 성장과 분배라는 두 마리 토끼를 다 잡아야 한다고 주장한다. 그러나 이 말은 성장우선주의를 미화하기 위한 이야기가 아닌가 싶다. 이 점과 관련하여 일찍이 경제 정책의 3대 공준(公準)을 안정, 성장, 평등이라고 지적하면서 그것을 동시적으로 달성하기 위해 정부의 개입이 불가피하다고 한 영국의 저명한 경제학자 A. C. 피구Pigou의 이론이 떠오른다.

영국과 일본 역사의 교훈 … 성장 제일주의 벗어나야

성장이 먼저냐 분배가 먼저냐 하는 문제는 경제 정책의 핵심적 과제지만 이 문제를 검토하기 위해서는 과거의 역사 속에서 해결의 실마리를 찾아야 한다. 그것이 가장 합리적이고 손쉬운 방법이다. 역사상 우리에게 좋은 참고가 되는 것은 세계 여러 나라의 경제발전의 역사를 비교사적으로 검토해 보는 것이다.

첫째로 영국이 역사상 가장 먼저 산업혁명을 주도하게 된 근본 원인에서 교훈을 얻을 수 있다. 영국에서는 산업혁명보다 훨씬 앞선 시기에 지배적인 산업이었던 농업에서 전근대적인 봉건적 착취관계를 역사상 제일 먼저 붕괴시켰다. 그래서 농민들의 생활 수준이 획기적으로 개선되었다. 부유한 농민의 출현이 국내 시장의 확대를 가져오고 그것이 산업혁명의 밑거름이 되었다. 이는 소득 분배가 경제성장에 결정적으로 기여한 매우 생생한 역사적 사례이다. 이에 비해 봉건적 사회구조에 오래도록 발목을 잡혔던 독일은 영국보다 80년 가량 뒤늦게 산업혁명을 시작할 수밖에 없었다.

둘째로 제2차 세계대전 직후에 실시되었던 일본·한국·대만, 그리고 중국의 농지개혁이 그 후의 고도성장에 결정적으로 기여했다는 사실을 지적할 수 있다. 오늘날에도 다른 아세아 여러 나라들이 아직도 빈곤의 악순환에서 벗어나지 못하고 있는 근본 원인은 이들 나라들이 농지개혁을 실시하지 못했기 때문이다. 중남미에서도 사정은 마찬가지다. 경제 구조가 양극화되어 있으면 소득 분배 구조도 양극화되고 이로 말미암아 국내 시장이 협소하여 공업도 발전하기 어렵다.

일본의 저명한 경제학자들은 제2차 세계대전 이후의 고도 성장의 근본 원인이 다음 세 가지 점에 있었다고 말한다. 1) 평화헌법에 따른 국방비 지출 소멸 2) 농지개혁에 따른 농민 소득의 증대 3) 노동조합 운동의 활성화에 따른 노동 분배율의 향상 등이다.

일본 경제의 특기할만한 사실은 경제의 대외 의존도가 현저히 낮다는 점이다. 일본 경제는 전후의 평화헌법으로 국방비 부담이 없어져서 자원을 농업과 국토 개발에 집중 투자할 수 있게 되었을 뿐만 아니라, 농민과 근로자들에 대한 소득 분배를 획기적으로 개선할 수 있었다. 국내 수요 기반이 튼튼해졌기 때문에 광범한 내수를 바탕으로 투자가 활성화되고 결국 수출 경쟁력이 급속하게 향상되어 제 2차 세계대전 이후 짧은 시간 만에 경제대국 건설이 가능했던 것이다. 한국 경제와 일본 경제가 크게 다른 점은 무엇보다도 수출 의존도가 크게 다르다는 점이다. 한국은 80% 수준이지만 일본은 25% 수준이다.

한국 농업과 일본 농업의 차이

한국에서는 60년대 이래 오늘날까지 줄곧 수출이 경제성장의 견인차 역할을 해 왔기 때문에 수출만이 경제성장의 밑거름이라고 생각하는 이들이 많다. 그릇된 관념이다. 하지만 일본 경제를 심층 분석해 보면 오히려 소득 분배의 개선과 이를 통한 국내시장의 확대가 건전한 경제 발전의 토대라는 사실을 알 수 있다.

농민에 대한 소득 보장도 매우 중요하다. 일본에서는 농촌 근처에 공장들이 분산 입지되어 있어, 농민 자녀들이 근처의 공장에서 벌어오는 임금소득이 많아 농외소득이 농가소득의 평균 85%를 넘는다. 이것이 일종의 사회적 안전망 구실을 하고 있다. 하지만 한국에서는 공업이 수도권에 집중되어 농외소득이 농업소득을 보충해 주는 기능이 매우 약하다.

이 점이 한국 농업과 일본 농업이 크게 다른 점이다. 일본에서도 WTO에 의한 시장 개방으로 농업 문제는 상당히 심각하지만 한국보다는 훨씬 덜한 이유가 여기에 있다. 이런 상황 아래서는 국가에 의해 고용된 노동자와도 같은 사회적 위치에 놓여 있는 농민들이 국가의 보호를 요구하는 것은 당연한 일이다. 농민을 사실상 고용하고 있는 것과 다름이 없는 국가는 농민을 보호할 책임이 있는 것이다. 이런 논리에 편승하는 도덕적 해이 현상에는 경계해야 하지만 농민의 소득 보장이 매우 중요하다는 점을 잊어서는 안 된다.

저임금 노동자들의 소득을 끌어올리기 위한 정책 또한 매우 중요하다. 특히 비정규직 노동자나 중소기업 노동자의 임금 인상에 중점을 둘 필요가 있다. 그래야만 노동 분배율이 상승할 수 있고 소득의 양극화에 제동을 걸 수 있다.

저소득층인 비정규직 노동자나 중소기업 노동자에 대한 적정 수준의 임금 인상은 저소득층의 소득 증대를 가져오게 될 것이고 그것이 국내 소비시장 규모를 확대하여 경제성장에 기여할 것이다. 이를 바탕으로 경기가 진작되면 기업이윤 증대로 이어질 수 있다. 이런 점을 생각한다면 저임금 노동자들의 임금 인상에 반대하는 것은 잘못이다. 경제 개발 초기에는 국내 저축이 매우 부족하여 근로자들에 대한 노동 분배율 상승에 따른 소비 증대가 저축률을 감소시켜 자본 형성에 역기능을 한다는 논리도 있다. 하지만, 그런 초기 단계를 벗어나 자본과 생산의 과잉 경향마저 일부 나타나기 시작한 현 단계에서는 그런 논리는 통하지 않는다.

저소득 근로자들의 임금 인상으로 노무비가 상승하면 단기적으로는 이윤율이 저하되는 것은 사실이다. 때문에 외국자본 도입이 어려워지거나 국내기업이 싼 임금을 좇아 해외로 빠져나간다고 걱정하는 사람이 많다. 그러나 그것은 단기적으로 볼 때 그럴 가능성도 있다는 것일 뿐이고 중장기적으로 보면 임금 상승이 노동대체적인 자본장비에 대한 수요 증대를 촉발함으로써 오히려 노동생산성 향상을 가져오고 경제의 체질을 강화시키는 쪽으로 작용할 수 있다.

고임금 고소득 국가일수록 로봇의 보유 대수가 많고 자동기계화 정도가 높다는 사실이 이를 뒷받침한다. 주가의 하락을 우려하는 사람도 있지만 여기에 지나치게 신경을 쓸 필요는 없다. 주식은 어디까지나 의제자본이기 때문이다.

정규직과 비정규직 사이에 동일노동 동일임금 원칙을 적용하기 위해서는 선진 각국에서와 같이 고도의 사회보장제도를 전제로 한 일자리 나누기에 대한 사회적 대타협이 있어야 한다는 것이 전문가들의 일치된 견해다. 주식회사 유한킴벌리의 구체적 사례(소위 YK모형)는 많은 시사점을 주고 있다. 각 회사의 사정은 각각 다를 수 있지만 모든 주체들은 단체 이기주의나 기득권에 연연하지 말고 공동체사회 실현을 위해 한발씩 물러서서 사회적 대타협을 위해 노력해야 한다.

노사 대타협의 길 '사회보장제도 개선'

현재 노사 간의 사회적 대타협을 가로막고 있는 데는 한국의 열악한 사회보장제도도 큰 몫을 하고 있다. 노동자들이 아무런 사회적 보장도 없이 졸지에 길거리에 내몰리는 위험에 직면해 있는 한, 사회적 대타협을 위한 양보를 얻어낸다는 것은 결코 쉽지 않을 것이다. 사회보장제도의 획기적 개선이 요구되는 이유가 여기에 있다.

그럼 사회보장제도의 확충을 위한 재원은 어디에서 구할 것인가? 한국의 여건에 비추어 경제 순환에 큰 부담을 주지 않으면서 사회보장 예산 증대에 대처하는 방법은 크게 세 가지가 있어 보인다.

첫째는 6·15공동선언과 6자회담에서의 9·13합의라는 새로운 정세에 부합되도록 국방예산을 과감히 삭감해야 한다. 동족끼리의 대립과 대결에 민족의 역량을 소모하면서 주변 나라들의 비웃음을 사고 있는 어리석음에서 하루 속히 벗어나야 한다.

둘째로는 부동산 소유자들의 불로소득을 세금으로 더 많이 거두는 데 보다 더 힘을 기울여야 한다. 현재 사회의 양극화는 소득의 양극화보다 자산의 양극화로 말미암은 문제가 더 심각하다. 더욱이 부동산 투기로 말미암은 불로소득이 커지면 그에 비례해서 사회의 생산적 분야가 위축된다는 점에 주목해야 한다.

셋째는 방만한 행정 예산의 낭비를 획기적으로 줄이는 일을 서둘러야한다. 중앙행정기관들의 낭비도 문제이지만 특히 일부 지방 행정기관들의 과시적 낭비는 눈뜨고 보기 어려울 정도다. 사회 보장 수요가 눈앞에 있는데도 각 지방관청마다 호화판 청사 건축에 열을 올리고 있다. 도보로 걸어 다녔던 일제 강점기 초기에 그어놓은 행정 구획을 자동차와 인터넷이 주요 교통통신 수단으로 바뀐 오늘의 고속화 시대에도 그대로 답습하면서 대다수 국민의 아픔에는 눈을 감고 불요불급한 이권형 사업에 매달리다, 결국 지방 행정수장들이 범죄자로 전락하는 사례들이 수없이 벌어지고 있다. 이런 비효율과 낭비를 과감히 삭감하면 사회복지 예산의 상당액을 염출할 가능성이 있다.

최근 조세 부담의 증가를 운운하는 경우를 볼 수 있으나 그것은 위에서 말한 사회적 낭비를 줄이는 노력을 치열하게 고민한 연후에 국민의 여론을 듣고 국민적 합의를 바탕으로 추진되어야 할 대상이라고 본다.

이런 정책들은 모두 사람중심의 경제사회라는 대원칙 아래서만 실현될 수 있는 것들이다. '희망포럼' 이 이것을 내세운 것은 지극히 시의적절한 일이었다. 사람중심의 사회를 위해 큰 진전이 있기를 바라는 마음 간절하다.

(희망포럼 소식지 제2호 2005년 5월)

이기주의와 사회봉사

나는 일요일마다 서울 삼각산 쪽으로 등산을 한다. 요즈음 화제의 초점은 자연히 시민운동 단체들의 낙천낙선 운동이다. 일부 사람들은 부정적 시각으로 바라보는 이도 있고, 매우 긍정적으로 말하는 사람도 있다. 무슨 덕을 보려고 그런 시민운동을 하며, 시민운동 단체들이 무슨 돈으로 움직이느냐고 의아해 하는 사람도 있다. 그런데 실제로 참여연대 사무실에 와서 젊은 활동가들이 헌신적으로 열심히 일하는 것을 직접 보고 간 사람의 말은 전혀 달랐다. 다른 회사에 취직하면 높은 월급을 받을 수 있는 능력자들임에도 불구하고 박봉에 만족하며 헌신적으로 밤낮 없이 일하는 것을 보고 정말 감격했다는 것이다.

그러나 대부분의 다른 사람들은 그래도 잘 납득하지 못하는 모양이었다. 무슨 이익을 기대하니까 하는 것이지, 그렇지 않고 왜 하겠는가? 이번 낙천낙선 운동 지도부 사람들도 그것을 발판으로 정계에 입문하려는 것이 아닌가? 그들의 순수성을 어떻게 믿을 수 있는가? 이렇게 내심 미심쩍게 생각하면서 숱한 의문들을 떨쳐버리지 못하고 있는 것이다.

낙천낙선 운동은 주요 정당들이 공천자를 발표함으로써 이제 본격적인 낙선 운동으로 넘어가고 있다. 이번 일에서 시민운동은 정말 역사적인 전기를 마련했다. 지역감정이나 혈연, 학연 등 전근대적 유물에 기대어 국민의 눈을 속여 왔던 부패 기득권 세력들이 이제 주권자들의 단합된 힘 앞에 떨고 있다.

이와 같은 역사적 성과물은 바로 그동안 시민운동 단체들의 헌신적인 봉사정신과 활동에 대해 대중의 일부나마 그 순수성을 인정했기 때문에 얻어진 것이다. 그러나 아직도 대부분의 사람들은 위에서 본 바와 같이 시민운동에 대한 의구심을 떨쳐내지 못하고 있다. 이런 의구심은 너무나 오랜 기간에 걸쳐 사회지도층 인사들에게서 당해 온 배반과 배신으로 쌓인 불신감에서 비롯된 것이다. 이런 상황 아래서 시민운동은 백 마디 말보다는 행동으로써 대중의 신임을 얻어내는 길 밖에 별 도리가 없다.

시민운동의 기반은 합리적 이기주의?

도대체 시민운동의 윤리적 기초는 어디에 있으며 그 원동력은 어디에서 우러나오는 것일까. 시민운동가들은 어떤 신념으로 그토록 헌신적으로 열심히 국민을 위해 활동하고 있는 것일까. 서울대 손봉호 교수는 1997년 1월 4일자 기고문에서 '합리적 이기주의'라고 주장한 바 있다. 개인의 이익을 도모하면서도 구성원 모두의 이익을 극대화하기 위해 개인의 이익을 어느 정도 희생시키면서 공동체의 이익을 살펴보는 것이 '합리적 이기주의'이며 이것이 시민운동의 윤리적 기반이라는 것이다.

그러나 사람을 본질적으로 이기주의적인 존재로 보는 한, 왜 시민운동가들이 기꺼이 사회를 위해 그토록 헌신적으로 봉사하려고 하는가를 설득력이 있게 설명할 수가 없다. 거기에 아무리 합리성을 강조해도 왜 이기적인 개인이 사회를 위해 희생하는 것이 합리적으로 될 수 있는가에 대한 해답은 찾아지지 않기 때문이다.

서양 사상사에서 보면 인간의 본성이 합리적 존재인가 아니면 감성적 존재인가 하는 논쟁이 있었다. 인간을 합리적 존재라고 보았던 데카르트R. Descartes, 홉스T. Hobbes, 로크J. Lock에 대하여 흄D. Hume과 아담 스미스Adam Smith는 인간이 감성적 존재라는 것을 강조하면서 이에 맞섰다. 그러나 종교나 사랑과 같은 인간의 행태를 유심히 관찰해 볼 때, 인간은 이성적 존재이기보다는 감성적 존재라는 측면이 더 강하다.

때문에 나는 흄과 아담 스미스의 견해를 지지한다. 이성에 의한 이기주의의 극복은 자칫 당위론적 설교에 그쳐 버릴 우려가 있고 인간의 본성과 무관하게 되는 면이 있기 때문이다.

인간이 본래적으로 이기적 존재임을 강조했던 사람은 아담 스미스였다. 그는 이기주의적 인간의 자유로운 사리 추구 행위가 자유 시장에 모여지면, 생산력의 발전을 가져오고 국민의 부를 증대시키며 하느님의 거룩한 손에 인도되어 저절로 질서 있는 복된 경제사회가 실현될 수 있다고 주장했다. 오늘날 자본주의 경제사상은 기본적으로 그의 사상체계를 바탕으로 한 것이다.

인간의 본성 '이웃에 대한 공감'

그러나 원래 그는 도덕철학 교수였다. 그는 『국부론』에 앞서 저술한 『도덕감정론』에서 인간의 본성을 이기적인 것으로 보지 않고 자기 이웃과 동포에 대한 '공감Sympathy'에 의해서 움직이는 사회적 존재로 보고 있다. 그의 이론은 로크나 홉스 등의 '합리주의적 개인주의'에 대한 비판적 견해로 일관되어 있다. 그는 그들의 개인주의적 견해와 이성주의·합리주의에 대항하는 사회철학 체계를 수립하려고 하였다. 아담 스미스가 사회 형성 원리로서의 '공감' 을 사회철학의 중심 개념으로 삼았던 것도 그러한 논리적 맥락 아래서만 이해될 수 있다.

그는 이와 같은 '공감', 즉 "동포 감성fellow-feeling을 지탱하고 있는 것은 인간이기 때문에 갖지 않을 수 없는 이웃에 대한 관심interest이다"라고 말하였다. 또한 홉스가 시민사회의 성립 이전의 인류를 일종의 전쟁 상태로 보고 거기에서 오는 폐해를 회피하기 위한 방법으로 '사회계약' 을 체결하여 분쟁의 해결자로서 '정부' 를 갖게 되었다고 보았던 것에 대하여, 인간의 본성이 사회성을 갖고 있기 때문에 그 사회의 도덕과 정의를 수호하기 위한 정부를 인간의 본성에 따라 갖게 되는 것이라고 보았다.

필자가 이와 같이 아담 스미스의 사회철학을 길게 언급한 이유는 아무리 이기주의와 개인주의에 사로잡힌 자본주의 사회라고 할지라도 일부 논자들이 주장하는 것처럼 사회 정의의 기초가 이른바 '합리주의적 이기주의' 에 있는 것이 아니라 '사회적 봉사와 개인적 이기주의' 라는 이질적인 대립물의 변증법적 통일 속에서만이 사회 정의가 구현될 수 있다는 것을 강조하기 위한 것이다. 이와 같은 변증법적 견해에 의하면 사회적 봉사와 개인적 이익은 둘이 아니라 하나이며, 둘은 떼레야 뗄 수 없는 관계 아래 놓이게 된다.

사회정의를 위한 희생은 자신의 이익

그리고 그것은 인간의 이성에 의해서 이기주의를 합리주의적으로 억누르는 가운데 사회봉사 정신이 솟아오르는 것이 아니라, 인간의 본성으로서의 동포애가 인간으로 하여금 사회를 위한 봉사에 나서지 않을 수 없게 충동한다는 견해를 이끌어 내게 된다. 즉 이 견해는 사회 정의를 위한 자기희생적 행위가 실은 자기 자신의 이익을 위한 행위이기도 하다는 생각이 자연적 혹은 본능적으로 들게 한다는 것이다. 또 그러한 철학에 입각해야만, 모든 사람이 다 같이 인정하는 인류의 절대적 가치로서의 자유·존엄·인권의 평등을 실현하기 위한 자기희생적인 참여의 정신을 자연스럽게 실천할 수 있을 것이다.

사회 정의의 실현을 위해 봉사하는 것이 다른 사람을 위해야만 한다는 합리적 판단에서 하는 행위라고 생각하는 사람에게서는 사회 정의를 위한 자발적인 참여를 기대할 수 없다. 그것은 기껏해야 이기주의의 부산물이라고 할 수 있는 '자선' 이상의 것으로 되기 어렵다. 사회 정의를 위한 투쟁의 대열에 참여하는 것이 곧 자아의 실현과 자기 자신을 포함한 집단의 이익을 위한 것이라고 생각해야만 비로소 참여민주주의를 위한 우리의 운동이 그 철학적 기초를 확립할 수 있게 되는 것이라고 생각한다.

사회 정의를 위한 투쟁에 자발적으로 참여하는 것이 바로 참여민주주의이다. 그리고 그러한 참여민주주의의 실현을 위한 자기희생적 봉사 속에서 자기 자신의 자아실현의 길과 인생의 보람을 비로소 찾을 수 있다는 신념에 불타는 사람들이 점차 큰 무리를 형성하여 조직화된다면 이 사회에 인간의 자유·존엄·인권의 평등한 실현이라는 인류 공통의 절대적 가치가 현실적으로 뿌리 내리는 날도 멀지 않게 될 것이다.

문제는 그러한 자기희생적인 참여민주주의 운동이 상대주의와 허무주의의 벽을 무너뜨리고 어떻게 대중의 신뢰를 구축할 수 있는가에 모든 것의 성패가 달려 있다. 그러나 그것은 참여민주주의의 핵심 세력들의 자기희생적 활동으로 극복해야 할 과제이다. 올바른 철학을 가진 인간의 자각적 행동이 그와 같은 과제를 훌륭히 풀어낼 수 있다는 것을 인간의 역사가 우리에게 분명히 보여주고 있다.

그와 같은 참여민주주의가 사회의 대세를 이루고 이를 위해 헌신적으로 봉사하려는 중심축이 형성되어 이들이 대중 속에 뿌리내리게 되면 보다 나은 복지 사회와 우리의 숙원인 진정한 민주복지 사회와 남북통일의 그날을 앞당길 수 있는 원동력이 형성될 수 있다고 나는 믿는다.

(참여연대, 월간 『참여사회』 2000년 3월호)

뉴라이트의 '자유주의 공동체' 개념 비판

대북적대의식 위장 전술에 불과하다

뉴라이트라는 유령이 한국 사회를 주술에 걸어 놓으려 하고 있다. 뉴라이트의 얼굴은 실로 다양하다. 이들은 요사이 민주주의보다는 자유주의를 내세운다. 너도나도 민주주의를 외치니 약발이 떨어진다는 이유에서일 것이다. 북한의 조선인민민주주의공화국마저도 '민주'라는 글자를 쓰고 있기 때문에 민주주의라는 말을 쓰기 싫다는 심정에서 나온 것일 수도 있다.

뉴라이트들은 그들이 좋아하는 자유주의라는 말 앞에 공동체라는 말을 덧붙여서 '자유주의 공동체'라는 개념을 내세우고 그것이 뉴라이트가 지향하는 목표라고 주장한다. 그들의 이념은 옛날의 개인주의적 자유주의가 아니라 공동체의 이익을 앞세우는 자유주의라는 뜻일 것이다. 뉴라이트들은 이런 이념에 따라 자유 시장경제 체제와 자유민주주의에 입각한 공동체사회를 지향해야 한다고 주장한다.

공동체사회를 지향한다는 것이라면 그것을 나쁘다고 할 사람은 없을 것 같다. 필자도 '공동체의 경제학'이라는 논문을 통해 사람이 태어났을 때부터 공동체와 떼려야 뗄 수 없는 존재임을 강조했다. 또한 마르크스의 경제 이론이나 신자유주의 경제 이론이나 이제까지의 모든 경제학 이론이 이 점을 경시했다는 점을 지적하면서 경제 이론을 사람의 본성인 공동체를 출발점으로 하고 그것을 종착점으로

하는 이론으로 바꾸어 놓아야 한다고 주장한 바 있다.

사실 이제까지의 경제학은 사람의 본성을 경시하고 사람을 피도 눈물도 없는 물질에만 사로잡힌 존재라고 가정해 왔다. 그런데 이런 이론은 사람을 물질의 종속변수라고 본 이론으로 사람이 실종되어 있기 때문에 사람을 복원시킨 인간중심의 경제 이론을 새로이 수립하고 그러한 이론에 입각해서 인간중심의 복된 경제사회를 건설해야 한다는 것이 '공동체의 경제학'의 골자이다.

뉴라이트의 반쪽짜리 공동체주의

뉴라이트들이 주장하는 '자유주의 공동체'라는 것이 인간사회의 '공동체적 성격'을 강조하고 그것을 존중하는 방향에서 경제 정책을 운용해야 한다는 것을 촉구하기 위한 것이라면 그런대로 의미를 가질 수 있다. 그러나 그들이 주장하는 자유주의 공동체를 뒷받침하는 경제 이론이 수미일관된 이론 체계를 갖춘 것이 못 되고, 한낮 자기들의 비이성적인 행동을 받쳐주는 편법이나 겉치레에 불과한 것이라면 전혀 믿을 것이 못 된다. 그런데 그들의 이론 체계가 수미일관성을 결여하고 있다는 점은 다음과 같은 점에서 여실히 나타난다.

첫째 뉴라이트들은 북한에 대한 철저한 혐오감에서 북한 체제를 부인하고 그것은 타도의 대상이지 교류나 협력의 상대일 수 없다고 본다. 뉴라이트들이 조직화된 첫째 이유도 이런 대북 적대심을 일반 대중에게 전파시키는 데 있었기 때문에 그것은 당연한 귀결이다. 이런 관점에서 뉴라이트들은 남북 간의 교류와 협력의 시대를 열어 놓은 6·15 남북공동선언을 거부한다. 그런 입장에서 보면 북한 주민은 같은 민족 구성원이 될 수 없고 공존의 대상으로 될 수도 없으며, 오로지 타도의 대상으로 될 수밖에 없다. 그것은 남북 민족이 하나의 민족공동체를 이루고 있다는 것을 부정하는 입장이라고 할 수 있다. 그런 의미에서 뉴라이트의 공동체주의는 '반쪽짜리 공동체주의' 이다. 진정한 의미에서의 공동체주의라고 할 수 없다.

둘째로 공동체주의는 개인의 이익보다는 공동체의 이익 즉 공공의 이익을 첫째로 삼고 개인은 공동체의 이익에 복무하면서 개인의 이익은 공동체의 이익에 합치되는 범위 내에서만 추구되어야 한다는 이념이라고 할 수 있다. 따라서 개인의 이익 추구가 첫째라고 생각하는 자유주의적 시장경제 논리와는 거리가 있는 견해라고 할 수 있다.

아담 스미스 '사람은 이타적 존재'

물론 영국 자유주의 경제이론의 창시자 '아담 스미스' 는 『국부론』에서 자유주의 시장경제 원리의 유효성을 내세웠다. 하지만 그는 다른 한편에서 『도덕감정론』이라는 책을 통해 인간이 단순히 이기적 존재가 아니라 이웃에 대한 사랑과 동족 의식을 저버리지 못하는 존재라는 점을 강조했다. 또한 그것이 근대 사회의 법률을 뒷받침하는 도덕적 기초라고 주장했다. 얼핏 보기에 상반되는 것 같이 보이는 아담 스미스의 이런 견해는 결코 상반된 것이 아니라, 결국 인간이 이기심과 이타심(공동체정신)을 동시에 갖고 있는 존재로써 인간은 이타 속에서 이기를 실현할 수밖에 없다는 의미에서 이 양자가 일종의 변증법적 통일의 관계 아래 놓여 있다고 해석해야 한다는 것이 필자의 견해다.

뉴라이트들이 내세우는 '자유주의 공동체' 에 있어서는 이런 철학적 고찰의 흔적을 찾아보기 어렵다. 그들은 자유 시장경제를 절대적 가치라고 주장하는데 그것은 개인의 이기적 행동 즉 이윤 추구의 자유를 절대적으로 허용해야 한다는 뜻일 게다. 공동체의 이익을 옹호하기 위해 불가피할 경우에는 개인의 사리추구 행위를 일정 정도 제한할 수밖에 없다. 그런데 뉴라이트들의 대부분은 아무리 공공의 이익을 위한 것이라 하더라도 개인의 사적 이익 추구를 제한하는 일은 옳지 못하다고 보고 있다.

이기심만 강조하는 뉴라이트의 사이비 이론

이들은 기업의 자유 확장과 규제 완화를 요구한다. 이 점은 공정거래법의 시행에 부정적 견해를 표명하는 한편 부동산 투기 억제정책에 대해서도 곱지 못한 견해를 보이고 있다. 다시 말해 신자유주의 정책에 대해 절대적인 신임을 내비치고 있다. 또한 이들의 대부분은 신고전파 경제학의 신봉자들인데, 이 이론 안에는 공동체가 비집고 들어갈 틈이 아무데도 존재하지 않으며 철저하게 개인의 이기적 행동만을 이론의 전제로 삼고 있다. 그런 이론의 신봉자들이 공동체를 운운하고 공공의 이익을 운운한다. 이론과 언설이 따로 놀고 있다. 그런 점에서 '자유주의 공동체' 라는 뉴라이트의 구호는 일반 대중을 현혹시키기 위한 말장난 이상의 것이 아니라는 의혹을 자아내고 있는 것이다.

(『시민의 신문』 2006년 4월 20일)

뉴라이트의 정체는 '사대주의'

지난 5월 11일 200여 개 단체가 모여 열린 평택 사태를 걱정하는 비상시국회의에 참석한 군사평론가 지만원씨는 "평택 시위대에 광주에서처럼 군이 발포했어야 했다" 고 말했다. 수구단체의 본질을 극명하게 보여주는 발언이다. 미국을 위해서라면 자국민을 향해 발포도 불사해야 한다는 것이 이들 수구 우익들의 생각인데 지만원 씨의 발언도 결코 우연만은 아니다.

수구우익단체들은 '뉴라이트' 란 이름으로 뭉쳐 있다. 특히 뉴라이트 재단 대표 안병직 교수는 한마디로 제2의 한승조 씨라고 해도 과언이 아니다. 한승조 씨는 한국이 일본 제국주의의 혜택을 입었다고 말한 것이 화근이 되어 여론의 집중포화를 받고 고려대 명예교수 자리를 사퇴했다.

그런데 안병직 교수는 똑 같은 말을 내뱉고 있는데도 오히려 여론의 각광을 받고 있다. 그는 일본 수상의 야스쿠니 신사 참배가 무엇이 문제냐고 하면서 이를 비판한 노무현 정부를 '건달정부' 라고 몰아 부쳤다. 그가 주장하는 '식민지 근대화론' 이라는 것도 결국 일본 제국주의 덕분에 한국이 잘살게 되었다는 이론이다.

한승조 씨가 그런 친일적 언설로 사회에서 매장되었다면 똑같은 말을 내뱉은 안병직 교수도 똑같은 처우를 받는 것이 올바른 사회가 아니겠는가? 서울대라고 해서 특별한 대우를 받는다면 어떻게 올바른 사회라고 하겠는가.

안병직 교수는 『조선일보』 4월 25일자와의 인터뷰에서 민족민주 운동에 몸담고 있는 사람들을 싸잡아 '저급한 인식'을 가진 사람들이라고 몰아세웠다. 그럼 그의 인식이 '고급' 인식인가 하면 결코 그렇지가 않다.

필자는 안병직 교수 이론의 허구성을 1994년 『역사비평』 및 2003년 경제사학회 학술발표회 논문집 등에서 학문적으로 심도있게 비판한 바 있다. 비록 안병직 교수는 자신과 반하는 이론을 저급이론이라고 몰아세웠지만 그의 견해야말로 경제학의 고전을 제대로 이해하지 못한 '저급' 이론이라는 것이 나의 판단이다.

그런데도 그가 서울대 명예교수라는 간판 때문에 마치 권위자인 것처럼 행세하고 있는 것을 볼 때 이 사회의 지적 수준을 한탄하지 않을 수 없다.

지만원 씨와 안병직 교수 등의 관념은 한마디로 '사대주의'라고 규정할 수 있다. 그들은 한미일 동맹만이 한국이 택할 수 있는 유일한 길이라고 주장한다. 안병직 교수는 노무현 대통령이 일본 수상의 야스쿠니 신사 참배와 교과서 왜곡행위 등 군국주의 부활 움직임을 경고한 것을 '건달'이라고 비난했다.

독도에 관해서는 "가만있으면 우리나라 땅인데 왜 일본과 말썽을 피우느냐"고 비난했다. 일본 극우파 『산케이 신문』은 그의 언행을 1면 기사로 크게 부각시켰다. 일본 극우파가 하고 싶은 말을 한국의 저명학자가 대신 주장해 주고 있으니 얼마나 통쾌하겠는가.

더욱이 그는 북한정권은 타도의 대상이지 협력의 대상일 수 없다고 주장했다. 한반도의 평화가 깨지면 우리 강토는 쑥대밭이 되는데 대북침공만이 우리가 살 길이라는 주장은 우리 민족 전체를 멸망의 구렁텅이로 몰고 가는 사상이다.

또한 그는 우리 민족에게는 자주적으로 근대화할 능력이 없었으므로 일본의 식민지로 되는 것은 필연적 추세였다는 이론을 폈다. 그러면서 다른 한편에서는 우리 민족의 '외래문화 흡수능력'을 높이 평가한다고 했다. 그의 이론대로 한다면 일본이 우리나라를 식민지화 하지 않았다면 우리 민족이 '외래문화 흡수능력'을 발휘하여 스스로의 힘으로 근대화되었을 것이다.

그런데 안병직 교수는 그의 '식민지 근대화론'에서 그것과는 정반대로 일본 제국주의가 이 땅을 식민지화했기 때문에 한국이 근대화했다고 주장했다. 이것은 그의 이론이 전혀 앞뒤가 맞지 않는 것임을 입증하는 것이다. 이론상의 문제 이전에 안병직 교수는 앞서 말한 대로 우리나라 사람인가를 의심받을 만한 언설을 수없이 내뱉어 왔다.

그와 동일한 진영에 속하는 지만원 씨는 평택시위대에 발포하지 않았다고 다그치고 있다. 그는 몇 년 전 땅굴이 새로 발견되었는데도 김대중 정부가 은폐하고 있다는 등 허위 사실을 유포했고 5·18 광주민주화운동은 빨갱이들의 선동 때문이라는 신문 광고 등으로 유죄 판결을 받았다. 이렇게 저급하게 혹세무민을 하는 이들이 우글거리는 '뉴라이트'에 결코 현혹되어서는 안 된다.

(『시민의 신문』 2006년 5월 15일)

2

대안 없는 운동은
달 없는 사막이다

이회창 씨가 진짜 '대쪽' 인가

한나라당 이회창 총재가 박정희에 의한 5·16 군사쿠데타 직후 소위 '혁명재판소' 에서 민족일보사 조용수 사장에 대한 사형 선고 재판관으로 참여한 일을 송석찬 의원이 국회 본회의에서 제기하고 이총재의 정계 은퇴를 주장한 일로 파란이 일고 있다. 조용수 사장의 사형에 대해서는 그 당시 중앙정보부장으로 박정희 정권의 2인자 자리에 있던 현 자민련 김종필 총재도 책임을 면할 길이 없다.

따라서 민주당에서 김종필 씨를 맹주로 모신 자민련으로 철새처럼 자리를 옮긴 송석찬 의원이 그런 주장을 한 것은 아무리 보아도 공정하지 못했다는 비판에 일리가 있다. 그렇기는 하나 언론자유 문제가 현재 정가의 쟁점으로 되어 있기 때문에 송의원의 잘잘못을 떠나 민족일보사 사장 조용수 씨의 사형문제는 역사의 교훈이라는 좀 더 높은 차원에서 반드시 짚고 넘어가야 할 사안이라고 본다.

이 문제에 대해 이회창 총재의 당시 행적은 그때의 비상계엄 상황에서는 불가피했다는 논리가 있을 수 있다. 그러나 그 상황 아래에서도 구속을 감수하면서까지 끝까지 지조를 지켰던 법조인 '한복' 씨가 있었다는 것을 기억할 필요가 있다. 이미 고인이 되신 한복 씨는 유명한 소설가 한무숙·한말숙 여사들의 오빠이다. 그는 계엄사령부로부터 혁명재판소 재판관이 되어 달라는 명령을 받고 끝내 이를 거절하다가 감옥살이까지 한 진짜 '대쪽' 법조인이었다. 그는 자신의 동경대학 동창인 서울대 지리학과 육지수 교수(육영수 여사의 6촌 오빠)를 통해 박정희 씨에게 진정했지만 결국 구속되고 말았다.

한복 씨가 혁명재판소 재판관을 거절한 이유는 다음과 같았다. "나는 과거에 재판관이었는데 잘못된 판결로 사람을 죽게 한 일이 있다. 그래서 다시는 절대 재판관이 되지 않겠다고 맹세했다. 그런데 지금 와서 이 신념을 버릴 수 없다." 나는 한복 씨의 대학 후배로서 육지수 선배에게 진정하는 장소에 동석했다. 그때 나는 한복 선배에게서 선비의 참 면모를 발견하여 언제나 이런 사람이 되어야 하겠다고 마음먹었기 때문에 이 사건을 결코 잊을 수 없다.

이회창 총재는 민족일보사 사장 조용수 씨 등의 사형 판결에 재판관으로 동참했던 사실이 지금도 가슴 아플 것이다. 그러면 그런 대로 국민에게 진솔하게 사과하면 된다. 하지만 당시의 상황논리를 앞세워 불가피했다고 하는 구차한 변명은 한복 씨 같은 진짜 '대쪽'이 실제로 존재했음에 비추어 설득력이 없다.

나는 과거 일보다는 현재가 더 중요하다고 본다. 역사는 오늘을 사는 우리에게 교훈을 준다는 점에서 소중한 것이다. 그렇기에 설사 이회창 총재가 과거에 잘못이 있었다 해도 오늘날 그 잘못에서 철저히 교훈을 얻고 올바른 역사의식을 갖춘 행동을 하고 있다면 과거의 잘못을 들추어 낸다는 것은 가혹한 일이라고 생각한다. 그러나 현재 그가 한나라당이란 거대 야당의 총재로서 보여주고 있는 행적들은 그가 역사 속에서 교훈을 얻었다고 볼 수 없다는 데 문제의 심각성이 있다.

무엇보다도 이회창 총재는 박정희기념관 건립 예산의 국회통과를 야당 당수로서 묵인하였다. 일본군 장교로서 독립군 탄압에 앞장섰던 친일매국행위자였고 18년간이나 이 땅을 혹독한 독재의 암흑 세계로 몰아넣었던 박정희 씨를 무덤에서 끌어내어 200억 원이나 되는 막대한 국가예산을 들여 기념관을 짓겠다는 이 역사에 대한 엄청난 반역을 앞장서서 승인해 준 꼴이다. 민족의식과 민주정신의 부재라고밖에 볼 수가 없다.

그 뿐인가. 그는 국민의 절대 다수가 환영하고 있는 6·15 남북공동선언을 부정하는 냉전적 흡수통일세력의 정서에 편승하려 하고 있다. 대법원마저 헌법위반임을 판정했고 6·15선언과 정면으로 배치되는 '국가보안법'의 개폐를 시기상조라고 우겨대는 대법관 경험자의 법의식 속에서 우리는 역사의식이나 민주주의자의 면모를 전혀 발견할 수 없다. 국제사회의 웃음거리밖에 아니다. 그가 '대쪽' 인가 아닌가의 논쟁보다 더 심각한 문제는 바로 이 점에 있다고 나는 생각한다.

(『한겨레신문』 2001년 2월 23일 논단)

대안 없는 운동은 달 없는 사막이다
뉴라이트의 주술을 극복하려면

한국동란 때의 원한에 사로잡힌 사람들의 반북 심리를 자극해 우리 사회를 반공과 친북이라는 이분법적 논리로 갈라놓아 군사독재 시기부터 이어져 내려온 기득권을 고수하려고 하는 것이 호전적 수구세력들의 전략이다.

이들은 대중 앞에 여러 가지 얼굴을 내민다. 그러나 이들의 궁극적 목적은 6·15공동선언 반대세력을 결집해 과거 10년 동안 빼앗겼던 권력을 되찾는 데 있다. 그럼으로써 6·15공동선언으로 물꼬를 튼 민족의 화해와 협력의 흐름을 파탄내고 싶어 한다.

이들은 대중 앞에서는 우리가 언제 6·15공동선언을 반대했느냐고 하면서 북한은 믿을 수 없고 변한 것이 없으니 북한을 확실하게 압박해야만 우리의 실리를 챙길 수 있다고 주장한다.

'뉴라이트' 라는 이름으로 뭉쳐있는 이들은 북한 인권 문제, 위폐 문제, 마약밀수 문제 등 미국이 북한을 목 죄기 위해 동원하는 여러 가지 공세에 적극 호응하면서 우리가 퍼주는 대북원조가 북한의 무력 증강에 이용되고 있다는 솔깃한 논리로 일반 국민들의 대북 적개심을 선동하고 있다. 수구언론들을 최대한 이용하고 호전적 본질을 숨기면서 절차적 민주주의와 그럴싸한 민생안정 대책과 대안을 내세워 민심을 얻으려고 온갖 노력을 다하고 있다.

그러나 한반도에서 전쟁이 나면 모든 것이 쑥대밭이 된다. 무슨

수를 써서라도 전쟁만은 막아야 하는 것이 우리의 현실이다. 평화라는 관점에서 본다면 6·15공동선언은 우리 민족의 생존이 걸려있는 절대적인 가치를 지니고 있다. 무엇보다도 남북이 과거의 대립과 대결의 역사를 청산하고 화해와 협력을 통해 민족·자주의 입장에서 평화로운 통일의 길을 개척하기 위해 남북 정부가 합의한 '낮은 단계의 연방제/연합제'를 전제로 형제같이 힘을 합하자고 약속했다. 한반도 평화를 위한 일대 전기를 이룬 것이다.

한반도의 평화를 위한 민족의 간절한 염원을 담은 6·15공동선언은 한반도에 생을 기탁하고 사는 사람이라면 이를 절대적으로 지지해야 한다. 그래서 수구세력들조차 내심으로는 이를 파탄내고 싶어도 감히 6·15공동선언을 반대한다고 입 밖에 내지 못하는 것이다. 6·15선언을 파탄내려고 하는 수구세력의 공세를 효과적으로 막아내는 길은 민족민주 민중진영이 화합하고 단합하여 구동존이의 원칙 아래 작은 차이점은 뒤로 미루고, 큰 것을 앞세워 연대연합을 실현하는 것 밖에 없다. 소통과 대화가 필요한 이유가 여기에 있다.

과거 60년 간 지속돼 온 반공 대 친북이라는 색깔에 입각한 이분법적 논리에 의해 왜곡되어 온 한국의 의식구조를 극복하고 폭넓은 민주적 진지를 구축하려면 대중이 납득하고 따라나설 수 있는 대안을 제시하는 사회적 순환구조를 창출해야 한다. 이 경우 공동체정신에 입각해야만 공공성의 영역을 확충할 수 있다. 이러한 공공성의 구체적 내용을 열거하자면 첫째는 민족의 자주와 존엄, 둘째는 민주주의와 약자에 대한 기회 균등, 셋째는 사회적 약자인 대다수 민중의 삶을 보호하는 사회 안정망을 확충하는 것이다.

그리고 이러한 공공성을 이끌어내는 한국에서의 사회적 힘은 오랫동안 핍박받아온 노동자 농민을 비롯한 광범한 민중으로부터 나

올 수밖에 없다. 민중은 국민의 절대다수를 차지하고 있을 뿐 아니라 장구한 세월동안 반공과 친북이라는 이분법적 사고의 주술에 의해 막대한 피해를 받아온 계층이다. 때문에 이런 구조를 박차고 개혁하는 데 누구보다도 확실하게 나설 수 있는 사회적 세력이다. 따라서 사회의 이분법적 구조를 타파하고 진정한 민주주의를 확립하고, 진정한 복지사회를 이룩하기 위해서는 민중을 중심으로 한 연대연합에 의해서만 승리의 고지를 점령할 수가 있다.

이를 위해서는 무엇보다도 민중에게 확실하고 실현가능한 대안을 제시하지 않으면 안 된다. 현실적으로 실현가능한 대안을 제시하지 않고서는 이들 민중을 하나로 묶어세울 수 없다. 그렇지 않으면 이들은 반공과 친북이라는 이분법의 포로가 된 채, 역사의 수레바퀴를 되돌리려고 발버둥치는 뉴라이트와 같은 반시대적 세력의 주술에 말려들어 결과적으로 자기가 속해 있는 민족민주 민중의 진지를 뒤엎는 흐름에 가담하는 경우마저 나타날 수가 있다. 이것을 막는 길은 이들에게 실현가능한 대안을 제시함으로써 반시대적 세력의 마술에 걸려들어 방황하지 않도록 깨우쳐주고 이들을 올바른 방향으로 묶어세우는 것 말고 다른 방법이 없다.

(『시민의 신문』 2006년 4월 17일)

한나라당은 사대주의 정당 아닌가

여의도연구소 안병직 이사장의 친일파적 언행

안병직 서울대 명예교수(이하 존칭 생략)는 현재 거대 야당인 한나라당 산하 여의도연구소 이사장이다. 그는 한나라당의 이념과 정체성 확립에 깊이 관여하는 정치인의 한 사람이다. 그가 여의도연구소 이사장으로 발탁된 것은 그의 지론인 '식민지 근대화론'을 한나라당 지도부가 수용했다는 것을 의미한다.

식민지 근대화론은 한국의 근대화와 자본주의화를 일본 제국주의가 한국에 가져다준 시혜적 선물이라고 보는 매우 민족비하적인 역사 해석이다. 통계적 분석을 바탕으로 하기 때문에 마치 '학문적'인 것으로 비치지만, 극히 반민족적 사관의 산물이다.

안병직은 젊은 시절에 소위 '박현채 사단'의 일원이었다. 진보학자로써 '식민지 반봉건사회론'의 주장자였다. 필자도 그와 거의 비슷한 학문적 입장이었기에 인간적으로 가까이 지냈다. 그는 필자가 명예회장으로 있는 한국사회경제학회 창립멤버였다. 진보정당에도 몸담았다.

그러던 그가 일본의 나카무라 사토루(中村哲) 교토대학 교수와 일본재단 지원으로 연구회를 같이 하면서 이론이 근본적으로 달라졌다. 박정희 치하의 고도 성장을 소위 '캐치업catch up 이론' 즉 '따라잡기 이론'으로 설명하면서 한국의 고도 성장은 일본 제국주의가 한국에 심어놓은 유산의 덕택이라는 이론(식민지 근대화론)을 펴기 시작했다.

안병직의 '식민지 근대화론'과 뉴라이트의 실체

최근에는 '뉴라이트 재단'을 이끌었다. 뉴라이트들은 6·15공동선언의 파기를 주장하고 대북 교류협력과 공존공영을 추구하는 김대중, 노무현 전·현직 대통령을 '빨갱이'로 매도해 왔다. 뉴라이트는 한·미·일 안보체제를 극구 옹호하면서 남북통일을 위해서는 김정일 정권 타도 이외에 다른 어떤 대안도 없다는 주장을 편다. 이 이념은 반공주의와 탈민족적 사대주의와 실리추구 제일주의의 혼합물이다.

안병직은 일본 교수들과 연구회를 함께 하면서, 일본 내 역사교과서 왜곡의 주역들과 역사 인식의 많은 부분을 공유하게 되었다. 안병직은 한국 최대 야당의 부설연구소의 이사장이고 여론조사 지지율만으로 보면 한나라당 집권 때 정권의 핵심요직을 담당할 가능성이 높은 정당의 핵심 간부다.

만일 한나라당이 집권하면 그의 역사인식은 우리 정부의 역사의식으로 승격되고 한국 교과서가 그의 역사의식을 반영하여 개편될 가능성마저 있다. 그의 '식민지 근대화론'을 문제 삼지 않을 수 없는 이유가 여기에 있다.

이 문제와 관련하여 한 가지 짚고 넘어가야 할 일이 있다. 한승조 고려대 명예교수는 안병직과 매우 흡사한 '식민지 예속사관'을 토로했다가, 거대 언론들의 집중포화를 받아 사회적으로 매장을 당했다. 심지어 명예교수직마저 내놓아야 했다.

그런데 똑같은 말을 해온 안병직에 대해서는 면죄부가 주어지고 있다. 형평성에 맞지 않는 처사다. 공직자의 부동산투기 문제도 사람에 따라 잣대가 다르다. 이렇게 불공정한 거대언론이 활보하는 사회가 제대로 된 사회인지 묻고 싶은 대목이다.

식민지 근대화론은 '식민지 예속사관'

안병직이 선두에서 이끌어온 식민지 근대화론*은 한마디로 '식민지 예속사관'이라고 규정할 만한 내용을 담고 있다. 이 이론은 조선조 말 한국은 지극히 뒤떨어진 경제였기에 자력으로는 근대화할 힘이 없었다고 주장한다. 그 물증은 조선조 말 우리나라 소농의 힘이 지극히 열악하고 상공업도 형편없어 자력으로 근대화의 추세에 능동적으로 대처할 힘을 갖지 못했다는 것이다.

자본주의의 싹 즉 맹아(萌芽)가 부족했다고 보는 것이다. 그렇기에 자력에 의한 자본주의화 즉 근대화는 불가능했고 외세가 들어와서 타율적으로 근대화할 수밖에 없는 상황이었다고 본다.

일본의 극우 역사가들은 무주공산(無主空山)처럼 돼 있던 구한말 한국을 일본이 다른 제국주의 세력을 제치고 식민지화한 것인데 무엇이 나쁘냐고 주장한다. 한 발 더 나가서 이들은 일제가 한국의 근대화에 결정적으로 기여했고 해방 이후 한국의 고도 성장도 일제가 한반도에 남겨준 유산을 발판으로 가능했다고 주장한다. 그 근거로써 일제 강점기 시대에 한국경제가 얼마나 크게 성장했는가를 여러 가지 통계 숫자로 분석해 입증하려고 한다.

문제는 이런 '식민사관'을 일본인들이 아니라 한국인 학자들 특

* 식민지 근대화론에 관해서는 2004년 가을에 필자가 발표한 다음 글을 참조 : 주종환, 『식민지 근대화론의 허구성 : 한국경제 근대화와 소농』. 민화련 홈페이지 www.hwahap.org '자료실'과 인터넷 신문 www.hanlimonline.com '이슈-핫이슈'에도 소개되어 있다.

히 권위를 인정받는 서울대 교수들이 '학문'의 이름으로 공공연히 펼쳐왔다는 점에 있다. 극우신문인 일본의 『산케이신문』은 이것 보라며 1면 톱으로 안병직 교수의 이론을 대서특필했다.

그러나 객관적인 사실도 역사관에 따라 다른 결론을 유도할 수 있다. 사관이 중요한 이유가 여기에 있다. 경제가 일제 아래에서 크게 성장한 사실은 부정하기 어렵다. 중요한 것은 그 성장을 누가 무슨 목적으로 누구를 위해 추진했으며, 그 과실은 누가 주로 차지했는가 하는 점이다.

일제 '경제개발'의 허구성과 한국 '고도성장'의 배경

일제 강점기 시대의 경제개발은 결코 조선인을 위해 한 것이 아니었다. 일제가 대륙침략 목적을 달성해 본국의 이익을 도모하고자 한 개발이었다. 충남대 경제학과 허수열 교수는 『개발 없는 개발』이라는 책을 통해 그 실태를 통계적으로 분석했다. 그 내용은 '개발 없는 개발'이라기보다 '개발 속의 빈궁'이라는 제목이 더 적절하다.

필자 또한 『역사비평』에 두 차례 그리고 경제사학회에서도 '식민지 근대화론의 허구성'을 지적한 바 있다. 이들 비판에 대해 '식민지 근대화론자'들은 제대로 된 반론을 내놓은 바가 없다.

확실히 일본 제국주의는 한국에서 교통수단을 정비하고 학교를 세우는 등 근대화의 토대를 닦았다. 경지 정리 사업을 하고 농산물 품종 개량을 하는 등 농업 생산력을 크게 향상시켰다. 공장도 많이 세웠다. 무역도 크게 발달했다. 그 결과 경제가 어느 정도 성장했다.

그러나 일제 강점기 시대에 한국 사람의 80~90%는 농촌 인구였다. 이들은 경제성장에도 불구하고 보릿고개(春窮) 농가, 봄에 먹을 것이 전혀 없는 절량(絶糧) 농가가 대부분이었다. 쌀은 많이 생산되었지만 증산된 것보다 더 많은 쌀을 일본이 가져간 결과 한국인의 대부분은 굶주림에 허덕여야만 했다.

일제 강점기 시대에 공업이 발달했다고 하지만 경제에서 차지하는 비중은 농업에 비해 미미했다. 그나마도 회사의 중요한 자리 특히 기술진은 거의 모조리 일본인이 차지했다. 한국인들에게는 근대적 기술에 대한 접근이 제한되었다. 큰 공장이 몇 개 세워졌지만 대륙침략 정책을 뒷받침하는 것이 대부분이었다.

해방 후 일본인 경영자와 기술자가 철수한 후 공장들은 대부분 문을 닫았다. 남은 공장마저도 한국전쟁으로 폐허가 되었다. 우리가 잿더미에서 일어선 것은 기나긴 세월에 축적된 민족적 역량을 바탕으로 외국의 힘을 적절히 이용한 결과였다. 그것은 결코 일본인 덕택은 아니었다.

안병직의 '친일파' 적 행위와 한나라당의 '사대주의'

'친일파' 란 일본 측의 논리를 가지고 교묘히 국민들을 기만하고 오도했던 사람들을 말한다. 얼마 전 『경향신문』과의 인터뷰에서 안병직은 자신이 작위를 받지도, 일본에서 돈을 받지도 않았는데 친일파나 매국노로 비판을 받는 것을 억울해 했다. 우리가 친일파라고 하는 사람들이 모두 작위를 받은 것은 아니다. 친일파란 무엇인지 알고나 말을 하라고 권고하고 싶다.

안병직의 역사 인식은 '식민지 예속사관' 이라고 해도 과언이 아니다. 그의 이런 역사관은 지금의 한국 현실을 인식하는 바탕으로 이어지고 있다. 그는 줄곧 '한미일 동맹' 만이 우리가 살 길이고 남북의 교류와 협력은 우리의 적인 북한을 돕는 일이라고 반대해 왔다.

이것은 민족의 화해와 협력을 발판으로 평화와 통일을 지향하는 민족의 염원보다 외세를 더 소중히 여기는 '예속적 사대주의'에 가깝다. 안병직을 주요 당직에 임명한 한나라당을 '예속적 사대주의 정당'이라고 공격하면 어떻게 변명할 것인가? 그 답을 듣고 싶다.

그 동안 안병직이 학자로서 무슨 주장을 하든지 그것은 학문적 자유의 영역이다. 사회단체의 대표로서 무슨 말을 하든지 그것은 어디까지나 그의 주장일 뿐이었다. 그런데 이제 집권이 유력시되는 정당의 부설연구소 이사장으로서 정치행위를 하게 되었을 때 그의 생각과 주장은 이제 한나라당이 책임을 져야 한다.

한나라당이 외연을 확대하기 위해 안병직과 같은 세력을 수용하였을 때 그것은 안병직이 주장해 온 식민지 근대화론을 역사 인식의 근간으로 삼는다는 것을 의미한다. 그렇다면 한나라당이 집권하는 경우 우리 국민은 그들이 주장해온 식민지 근대화론을 중심으로 역사 교육을 해야 하는 날이 올지도 모른다. 과연 한나라당은 식민지 근대화론을 동의하는지에 대해 분명히 밝혀야 할 것이다.

(『경향신문』 2007년 10월 10일)

한나라당은 민족주의 민주정당인가

한나라당 당원들은 한나라당을 사대주의 정당이라고 말하면 펄쩍 뛰며 항의할 것이다. 그러나 그간에 일어난 몇 가지 사태들을 보면 사대주의 정당임을 스스로 인정하는 꼴이 아닌가 싶어 안타깝다.

첫째 한나라당 이명박 대선 후보의 부시 미대통령 면담 소동의 전말이다. 이후보 측은 면담 계획 불발이 반대세력들의 방해 공작 때문이라고 변명한다. 그러나 근거가 희박하다. 이후보가 부시 면담을 추진하고 최종 결정 전에 서둘러 발표한 것은 미국의 지지가 자기에게 쏠려있음을 과시하기 위한 것이다. 누구나 다 안다. 대선에서 표를 쥐고 있는 것은 주권자인 한국 국민이다. 아무리 한국의 실질적 지배자가 미국이라 할지라도 미국 대통령에게 가서 지지를 호소할 문제는 아니다. 이것이 사대주의가 아니라면, 사대주의라는 말은 무엇을 위해 존재하는 것일까?

둘째 한나라당은 이번의 남북정상회담을 반대하고 불참 결정을 했다. 국가 이익이 걸린 중요 외교 현안에 대해 초당적으로 대하는 것이 정당정치의 원칙이다. 특히 한반도의 평화정착과 민족의 중대한 장래가 걸려있는 남북정상회담에 대해서는 더욱 그렇다. 민족의 장래는 우리 민족이 주체가 되어 서로 이마를 맞대고 평화적으로 뚫고 나가야 한다.

이것이 7·4공동선언, 남북기본합의서, 6·15공동선언 등을 관통하는 민족의 염원이다. 통일의 길은 우리가 주도적으로 뚫어나가고 다른 나라는 조역으로 삼는 것이 민족의 자긍심이다. 민족통일의 상대방은 북한이기 때문에 남북정상의 만남은 매우 중요하고 바람직하다. 그런데도 한나라당은 이를 반대하고 외면했다.

한나라당은 북한이 핵무기 포기 약속을 하지 않는 한 일체의 대화가 필요 없다고 주장해 왔다. 하지만 북핵 문제는 6자회담에서 확실한 진전이 이루어져 가고 있다. 남북정상회담이 진행되고 있는 시점에 맞추어, 금년 연내 북핵 불능화에 대한 6자간 합의문서가 발표되었다. 원래 북핵 문제는 남북 간의 문제이기도 하지만 국제적 보장이 필요한 문제다. 그래서 6자가 협상으로 돌파구를 모색하는 것이다.

남북정상회담은 북핵 문제 해결에도 크게 도움을 주었다. 핵을 포기하도록 북을 설득하는 노무현 대통령에게 한나라당 대선주자가 옆자리에 앉아 힘을 보태주었으면 얼마나 좋았을까? 그런데도 남북정상 간의 만남마저 필요 없다고 고집한 것은 민족공동체 의식과 자주적 입장을 포기한 것으로 비친다. 그가 진정한 민족주의자라면 이 중대한 시점에 미국 대통령에게 가려고 하는 것보다 이번 정상회담에 동참하는 것이 백 번 옳은 선택이었다.

셋째 한나라당은 당 소속 여의도연구소 이사장에 안병직 교수를 임명했다. 그는 '식민지 근대화론'의 주축으로써 한국이 근대화되고 잘 살게 된 것은 주로 일본 덕택이라고 주장해 왔다. 일본 극우신문 『산케이신문』은 이 사실을 1면에 대서특필한 바 있다. 일제 때 일본의 죄과를 전적으로 부인해 온 일본의 극우세력들에게 안병직 씨의 이론은 안성맞춤이었을 것이다. 그는 한미일 동맹에 의한 김정일 타도만이 유일한 남북통일의 길이라고 줄기차게 주장한 사람이다. 이런 점에서 그는 본질적으로 민족주의자라고 할 수 없다. 이런 학자를 한나라당 산하 연구소의 이사장에 임명했다. 한나라당이 과연 민족주의 정당인가를 묻지 않을 수 없는 대목이다.

넷째 안병직 씨도 그 일원인 뉴라이트 세력들이 한나라당의 주류라고 한다. 이들은 지난 3·1절에 시청 앞에서 대규모 군중을 모아 놓고 미국 국기를 내걸고 김정일 타도와 6·15공동선언 파기를 외쳤다. 남북 평화공존 주장을 '빨갱이'로 매도했다. 이런 세력들이 주도하는 한나라당이 과연 진정한 민족주의 정당이라고 할 수 있을까? 민족주의 정당임을 주장하려면 근거를 제시할 필요가 있다.

(『한겨레신문』 2007년 10월 5일)

문제는 경제라고요?

경제와 평화의 병행이 필요하다

『프레시안』 2007년 7월 23일치 손호철 교수의 시론 '멍청아, 문제는 '평화'가 아니라 '경제'야'는 매우 재미있는 글이었다. 그러나 평화의 담론은 다음 대선에서 아직도 유효하다고 보아야 한다. 필자는 "멍청아, 문제는 '경제'지만 '평화'도 중요하다"라고 말하고 싶다.

경제가 중요하다는 것을 부인하지 않는다. 한나라당 이명박 대선 예비후보가 여론조사 지지도에서 40%에 육박하는 지지도를 보이고 있는 것을 보아도 유권자들의 관심이 어디로 쏠리고 있는지를 알 수가 있다. 가뜩이나 지리멸렬한 범여권이 경제정책 면에서 확실한 대안을 제시하지 못하면 대선에서의 패배는 불을 보듯 뻔하다. 인지도가 낮은 문국현 유한킴벌리 사장이 주목받는 이유도 그가 신자유주의에 따른 양극화 해소 문제에 어느 정도 그럴듯한 대안의 일부를 실천을 통해 보여주었기 때문이다.

그렇다고 평화의 담론이 손호철 교수의 말대로 다음 대선에서 '시대적 성감대'를 형성하기 어렵다는 상황 판단은 잘못이다. 반북 수구세력의 대표자 격이었던 한나라당 정형근 의원이 6자회담의 선순환이라는 새로운 사태에 대응했다. 어찌 보면 김대중 — 노무현으로 이어진 이른바 햇볕정책을 능가하는 매우 적극적인 대북 화해협력 정책을 입안하여 발표한 것이나 진배없다. 과대평가해서는 안 된다는 것이 필자의 판단이다.

정형근의 대북정책 수정 방안에 대해서 한나라당 수구 세력과 일부 언론은 맹렬히 반발하면서 정위원을 '빨갱이'로 매도하고 계란 세례를 퍼부었다. 이런 '희극'은 한나라당 안의 수구세력들이 얼마나 큰 세력을 유지하고 있는가를 단적으로 보여준다. 이런 분위기로 보아 정형근 의원의 새 대북정책안이 한나라당의 당론으로 받아들여지리라 보긴 어렵다.

김대중 전 대통령은 "한나라당이 집권하더라도 햇볕정책을 계승할 수밖에 없을 것"이라고 말했다지만 이런 전망도 북을 불구대천의 원수로 여기는 한나라당 주류의 강력한 반발에 비추어 보면 올바른 상황 판단이라고 하기 어렵다. 한나라당의 변신 시도는 대선용 포장에 불과하다. 햇볕정책을 당론으로 채택하기가 어렵기 때문이다. 손호철 교수는 "한나라당조차 대선을 의식해서 이같이 포장을 하고 있다는 사실 그 자체가 바로 햇볕정책의 기조가 시대적 대세라는 사실을 말해주고 있다"고 썼지만 이는 한나라당의 고등 전술에 말려든 견해일지 모른다.

햇볕정책이 시대적 대세이기 때문에 목적을 위해서는 수단과 방법을 가리지 않는 것을 습성으로 해 온 한나라당 안의 '마타도어' 세력들은 햇볕정책에 역행하는 대북정책으로는 표를 모을 수 없다는 판단 아래 종전의 햇볕정책보다 한걸음 앞으로 나간 대북화해협력정책을 생각해 냈다고 보는 것은 지나친 과소평가일까?

한나라당이 대북정책을 햇볕정책 수용의 방향으로 대폭 수정했기 때문에 이제는 경제 문제를 쟁점으로 삼아야 한다고 판단하는 것은 아무리 보아도 성급하다는 느낌을 지울 수가 없다. 다가오는 연말 대선에서 경제 문제가 표심을 좌우하는 중요한 요인으로 작용하리라는 것을 부정할 수 없지만 일본과 중국의 협공 속에서 방향을 잃고

비틀거리는 한국 경제의 활로가 남북협력 속에서 새로운 지평을 개척하는 것 말고는 좀처럼 찾아지질 않는다는 사실을 인정한다면 경제 문제의 활로를 남북 간의 평화정착과 교류협력에서 찾는 것이 정답이다. 이런 점에서 다음 대선의 가장 중요한 담론은 경제와 평화의 결합 속에서 찾아질 수밖에 없다. 평화담론은 이제 약발이 다했다는 손호철 교수의 주장은 그래서 선뜻 동의하지 못한다.

후기 : 2007년 대선을 앞두고 수구세력인 이회창 씨가 출마하면서 대북 적대정책을 내세우자, 이명박 한나라당 대선후보도 우측으로 선회했다. 마치 대북 적대정책을 둘러싼 '선명성' 경쟁이 벌어질 판이다. 2007년 대선은 대북 적대정책 대 대북 화해협력정책의 대립구도로 바뀐 셈인데, 대선의 가장 중요한 담론은 역시 경제와 평화의 결합 속에서 찾아질 수밖에 없는 상황이 전개되고 있는 것이다.

(『한겨레신문』 2007년 7월 25일)

민족주의, 과잉을 걱정할 때가 아니다

최장집 교수에 대한 반론

2007년 5월 9일자 『한겨레신문』의 보도에 의하면 고려대 최장집 교수가 "과도한 민족주의가 한국 민주주의의 발전을 저해하는 요소로 작용하고 있다"고 주장했다고 한다. 그 실례로 친일파 청산문제와 민주노동당에서 급진적 민족주의가 큰 영향력을 갖고 있는 문제 등을 거론했다. 그는 민족주의의 '폐쇄성'과 '국수주의'적 요소들 때문에 "민족주의는 매우 퇴영적이거나 '시대착오적'인 것처럼 보인다"고 주장했다.

과도한 민족주의 즉 국수주의가 민주주의 발전에 저해요인이라는 점은 독일의 히틀러와 일본의 군국주의 등 파쇼 세력을 예로 들지 않더라도 이미 주지의 사실이다. 한국에서도 박정희 전두환 노태우 등 군사독재자들은 민족주의를 그들의 군사독재로 합리화하면서 민주주의를 압살했다. 민족이라는 미명 아래 독재자의 사고가 전 국민에게 강요되었고 이에 저항하는 세력은 '비국민'이라는 낙인이 찍혀 매장됐다.

박정희가 독재정치의 도구로 활용한 것이 바로 대북 적대심이었다. 이를 합리화한 것은 바로 '국가보안법'이었다. 이런 쓰라린 과거를 체험하지 못한 오늘의 많은 젊은이들은 군사독재 시기에 얼마나 많은 부정과 부패, 비인간적 작태, 피비린내 나는 인권유린이 자행되었는지를 깊이 알지 못한다. 많은 젊은이들이 가장 존경하는 인물로서 박정희 전 대통령을 지목한다고 전해진다. 왜곡된 '박정희 신드롬'의 현실을 입증해주는 대목이다.

민족주의가 과도하게 기승을 부리면 개인의 자주성과 독립적 사고를 억압하는 수단으로 바뀌어 부메랑처럼 민주주의를 위협한 사례는 역사상 수없이 많다. 그렇기에 민족주의가 '대외배타주의(쇼비니즘)'로 흐름으로써, 민주주의 근간이라고 할 개인의 자주성과 독립성을 제약하는 일이 없도록 경계해야 한다는 최장집 교수의 의견은 경청할만한 가치가 있다.

과도한 민족주의, 민주주의 발전 저해할 수 있다

아마도 최장집 교수는 자기 견해에 대한 비판이 제기되면 "민족주의의 과잉을 문제 삼았던 것뿐이다. 내가 언제 민족주의는 안 된다고 했나"라고 반론할지도 모른다. 그러나 같은 말과 주장이라도 때와 장소를 택해야 한다. 때와 장소를 잘못 택하면 아무리 옳은 말이라도 본래의 의도와는 다르게 해석될 소지가 있는 법이다.

최장집 교수는 "과도한 민족주의는 문제가 있다"라는 일반론을 가지고 그동안 노무현 정부가 진행시켜 온 일련의 정책들을 "과도한 민족주의"라고 비판했다. 그것이 민주주의 발전을 저해했다는 것이다. 그러나 노무현 대통령 집권 이후 형식적 민주주의가 크게 신장되었다는 점에 대해서만은 사람들의 평가가 거의 일치되고 있는 듯하다.

노무현 정부의 공과에 대해 지금 여러 평가들이 오가고 있다. 하지만 노무현 정부가 공약으로 내세웠던 국가보안법 철폐 내지는 개정을 관철시키는 데 실패했다 하더라도, 이 법의 발동을 최대한 억제함으로써 어느 정도 형식적 민주주의를 신장시키는 데 크게 공헌했다. 오히려 노무현 대통령은 형식적 민주주의에 집착한 나머지 대통령이 갖고 있는 권한을 지나치게 많이 내줌으로써 '무능한 대통령'이라는 비방에 시달려 왔다는 것이 올바른 평가일 것이다.

최장집 교수는 노무현 대통령 아래서 이룩된 형식적 민주주의 신장마저도 턱없이 부족하다고 생각하고 있는 것 같지만 이런 근본주의적 사고는 일반 사람들의 실감과는 크게 배치된다.

현재 한국 민주주의의 신장을 가로막아온 최대의 걸림돌은 '국가보안법' 임을 부정할 사람은 없을 것이다. 사람들은 현재의 한국 사회가 민주주의라는 면에서 상당히 진전된 상황이라고 믿고 있지만 이것은 사실상 허상에 불과하다. 사상과 신념의 자유를 철저히 억압하는 국가보안법이 버젓이 살아있는 사회가 어찌 민주주의 사회라고 할 수 있는가. 민주국가치고 한국의 국가보안법과 같은 악법을 가진 나라를 세계 어디에서 찾아볼 수 있는가.

노무현 정부는 한나라당 등 수구적인 국회의 벽에 부딪쳐 국가보안법을 단 한 자도 고치지 못했지만 이 법의 적용을 최대한 자제함으로써 상당 정도 이 법의 독소들을 중화시키는 데 기여했다. 만일 2002년 대선에서 노무현 대통령이 아니라 한나라당의 이회창씨가 대통령이 되었다면, 아마도 국가보안법을 위한 시국사범으로 감옥이 넘쳐났을 것은 빤한 일이 아니겠는가?

한국 민주주의의 발전을 가로막아온 최대의 걸림돌이 국가보안법이라는 사실을 인정한다면 그런 반민주적인 법률의 근원이 바로 60년 이상 지속되어 온 남북의 분단과 대결이었다는 사실을 간과해서는 안 된다. 그렇다면 분단체제야말로 한국 민주주의를 제약해온 근원이라고 보아야한다. 민족의 화해와 협력의 증진 없이는 한국의 민주주의도 성숙할 수 없는 것이다. 이것이 한국의 현실임에도 불구하고 "과도한 민족주의가 민주주의 발전을 가로막는 요인이다"라는 일반론의 잣대를 들이대어 노무현 정부가 추진했던 일련의 민족주의적 정책이 민주 발전을 가로막았다고 진단한 최장집 교수의 주장에 동조할 사람은 그다지 많지 않을 것이다.

백낙청 서울대 명예교수는 "분단체제의 제약성을 무시한 현실비판은 곧바로 분단체제를 굳혀주는 효과를 지닌다"라고 비판했는데 필자는 한걸음 더 나아가서 다음과 같이 최장집 교수를 비판하고 싶다.

"분단체제의 제약성을 무시한 현실비판은 곧바로 한국사회의 비민주성을 굳혀주고 분단체제를 옹호함으로써 서민의 복지 신장도 어렵게 하는 효과를 지닌다."

최장집 교수는 과도한 민족주의가 한국 민주주의를 제약한 사례의 하나로써 친일파 청산 문제를 들었다. 하지만 이것은 매우 잘못된 판단이다. 한국 민주주의의 발전을 가로막아온 것은 민족주의의 '과잉'이 아니라 오히려 민족주의의 '부족'이 한국 민주주의의 발전을 가로막아온 최대의 걸림돌이다. 과거의 친일세력은 오늘날까지 이 나라를 주름잡고 있는 사대주의자들과 뿌리를 같이하는 면이 많다. 친일 장교였던 박정희 전 대통령의 뿌리를 이어받은 사대주의 세력들이 한국 민주주의의 발전을 가로막는 최대의 걸림돌인 게 현실이다. 그렇기 때문에 친일청산이 현 시점에서 필요하고 중요한 것이다.

수구냉전세력의 국가보안법 사수논리는 사대주의적 행태

한나라당과 이를 뒷받침해온 뉴라이트 등 수구냉전세력들은 민주주의 발전의 최대 걸림돌인 '국가보안법'을 단 한 글자도 고쳐서는 안 된다고 고집해왔다. 그런데 이들의 국가보안법 사수 논리는 '사대주의'적 행태와 밀접하게 결합되어 있다. 한나라당과 '뉴라이트'는 북한을 타도의 대상으로 규정하면서 하필이면 자주독립을 기원해야 할 3·1절 행사 때 시청 앞에 수 천 명의 군중을 모아놓고 태극기와 나란히 성조기를 뒤흔들면서 '김정일 타도'와 '6·15공동선언 파기'를 외치며 김대중 노무현 양 대통령들을 '빨갱이'로 몰아 부치고 이들을 숙청하자고 주장했다. 그 법적 근거는 바로 '국가보안법'이다. 이 점에서 한국의 사대주의와 매카시즘적 파쇼가 한 몸이라는 사실을 확인할 수 있다.

이와 같은 한국 민주주의의 후진성을 극복하려면 무엇보다 올바른 민족주의가 절실히 필요다. 사대주의의 극복이 가장 중요한 과제로 되어 있는 현재, 오히려 민족주의의 과잉을 걱정하는 최장집 교수의 발언은 올바른 민족주의 복원이라는 시대적 요청에 역행하는 것은 아닌지 묻고 싶다.

최장집 교수는 민주노동당에 대한 급진적 민족주의의 영향력이 너무나 컸기 때문에 "사회갈등의 표출을 억압하거나 부정적으로 인식토록 함으로써 민주주의 발전에 부정적으로 작용"한다는 점을 지적했다. 민족주의 때문에 매우 중요한 민중의 복지 문제가 묻혀버리는 결과를 가져왔다는 뜻으로 읽힌다. 그러나 노동자와 농민 등 서민대중의 복지 문제 해결을 가로막아 온 최대의 걸림돌은 최장집 교수가 지적하는 민족주의 과잉이 아니다. 정반대다. 6·15공동선언에 입각한 남북의 화해와 협력의 부족 즉 남북 간의 공존과 우리 민족끼리 정신의 부족이다. 다시 말해 올바른 민족주의의 부진이 남북 간의 군사적 대결의 근원을 형성하고 막대한 군사비 지출을 강요하고 민주주의 발전을 가로막음으로써 광범한 국민 대중의 복지 향상 시책을 결정적으로 제약하고 있다고 보는 것이 옳다.

이런 관점에서 볼 때 오늘날 한국 사회의 주요 모순은 민족 모순이다. 그 밖의 크고 작은 모순들은 '종속 모순' 이라고 보는 것이 옳다. 주요 모순인 민족문제 특히 남북 간의 화해와 협력에 물꼬가 터지면 그 밖의 문제들은 자연히 해결의 실마리를 찾을 수 있다. 한국의 민주주의 문제도 그런 관점에서 분석해야만 올바른 해답을 얻을 수 있다. 이런 관점에서 접근하지 않으면 역사의 퇴행을 막지 못할 것이다. 최장집 교수의 회답을 듣고 싶다.

(『한겨레신문』 2007년 5월 17일)

시민운동의 정치세력화를 막아서는 안 된다

시민운동 단체들은 금년 대선 판국에서 정치판에 직접 뛰어들 것인가 아닌가를 놓고 고민에 빠져 있다. 정치판에 뛰어들면 흙탕물만 잔뜩 뒤집어쓰면서 시민운동의 순수성을 잃게 될 것을 우려하기 때문이다.

90년대 이후 한국에서 시민운동이 국민의 광범한 지지와 성원 속에 장족의 발전을 이룩한 것은 시민운동이 특정 정당이나 정파와 거리를 두면서 도덕성 헌신성 전문성에 입각하여 대국민 봉사정신을 견지하고 적극적이며 활발한 활동을 펼쳐 왔기 때문이다.

시민운동이 발전한 이유

21세기는 '시민운동의 시대'라는 평가가 있을 정도로 시민운동은 장족의 발전을 이루었다. 시민운동이 정당이나 정파에 거리를 두면서 시민의 가려운 곳과 아픈 곳을 찾아 시민 곁으로 다가서려고 노력한 이유는 정당이나 정파가 그런 역할을 해내지 못하고 부패와 무능 그리고 반시대적 퇴영적 행태로 국민에게 실망을 주어 왔기 때문이다.

시민들은 이 때문에 정치에 대한 혐오증에 빠지고 두터운 정치 무관심층을 형성하게 되었다. 정당이나 정파를 지지하는 사람은 극

소수에 불과하고 국민의 대부분은 '무당파층'을 형성하게 되었다. 광범한 시민 대중의 참여와 지지 없이는 설 자리가 없는 시민운동 단체들로서는 무당파층이 절대 다수인 상황에서 당연히 정당이나 정파에 일정한 거리를 두어야만 살아남을 수 있고 자기의 입지를 구축할 수 있었다.

그간 시민운동 단체들이 정치에 전혀 개입하지 않은 것은 아니다. 낙천낙선 운동이나 공명선거 운동, 탄핵반대 운동, 이라크 파병반대 운동, 보안법 철폐·개정 운동, 한미행정협정 개정 운동, 한미 FTA 반대 운동, 환경 운동 등등에 시민운동 세력들이 개입했었다.

그러나 이들 모두는 어떤 특정 정당이나 정파를 지지하는 운동은 아니다. 그것은 넓은 의미의 사회정의 수호 운동으로써 계급성이나 당파성을 가진 좁은 의미의 정치활동은 아니었던 것이다. 무당파층이 절대 다수인 상황에서 광범위한 국민의 지지와 성원을 얻을 수 있었던 것도 이 때문이었다.

현 정세와 미래구상의 시도

그런데 금년 대선을 앞두고 상황은 매우 크게 달라지고 있다. 시민운동 세력의 일부는 정치세력화를 시도하면서 정당 결성까지도 시야에 넣은 운동을 전개하고 있다. 요사이 주목 대상으로 부상한 통합과 번영을 위한 미래구상 운동이 좋은 예다.

이런 움직임에 대해 시민운동의 순수성을 지키려는 일부 시민운동 세력들은 선뜻 따라나서기 어렵다는 식으로 바라보고 있는 듯하다. 그러나 이런 일종의 방관자적 태도는 현 정세에 비추어 합리성을 인정받기 어렵다는 것이 나의 생각이다. 이유는 간단하다. 대선을 앞둔 현 시점에서 한국 정치가 커다란 하나의 변환점을 향해 달려가고 있기 때문이다. 국민은 금년 대선에서 어느 한 쪽을 선택할 수밖에 없는 기로에 서 있다. 지금의 정치정세를 지극히 단순화시켜 분석하면 현 시국은 다음의 두가지 대립축을 형성하고 있다.

대립축은 민족의 자주성 수호냐 구시대적 사대주의의 지속이냐, 남북의 화해와 협력 증진을 통한 평화정착과 통일지향이냐 구시대적 냉전구조와 남북대결구조의 존속이냐, 미래지향적 민주주의 발전이냐 구시대적 반민주적 보안법적 질서의 존속이냐, 서민위주의 성장 – 복지 병행이냐 재벌위주의 성장 제1주의냐, 기득권층의 제거를 통한 실질민주주의 전진이냐 기득권층의 온존을 통한 수구적 질서냐, 있는 자 위주의 주택정책이냐 무주택자를 위주로 한 그것이냐, 환경친화적 개발이냐 환경파괴적 밀어붙이기냐 등등이다. 국민은 이 양자대립 중에서 하나를 선택할 것을 강요받고 있다.

아무리 생각해도 주요 모순은 한나라당과 반한나라당

위와 같은 여러 대립축 가운데 가장 중요한 것은 무엇인가. 즉 주요 모순은 무엇이며 종속 모순은 무엇인가.

아무리 생각해 보아도 답은 민족의 평화적 협력 증진과 남북통일과 관련된 문제가 주요 모순이다. 그 밖의 것은 종속 모순이다. 남북이 평화로운 공존 체제를 수립하고 남북대결 구조를 지양해 군사비를 대폭 삭감하여 그 재원을 국민의 복지 향상을 위해 투입할 수 있으면 서민의 복지 문제도 획기적인 개선의 길로 들어설 수 있을 것이기 때문이다.

그런데 현재의 정치판에서 민족 민주 평화 서민복지를 내세운 정치세력들은 사분오열된 상황이다. 이에 반해 그 대립축에 있는 군사 문화의 계승자와 그 동맹세력들이 정치의 대세를 장악하고 있다. 만일 민주세력의 맥을 이어받은 구 정치권이 단합된 모습을 보인다면 시민운동 세력들이 굳이 정치판에 뛰어들 필요가 없다. 그러나 구 정치권의 어느 누구도 군사 문화의 계승자들과 그 동맹세력에 맞선 정치세력을 하나로 규합하지 못하고 우왕좌왕하고 있다.

구 정치권은 이제 두터운 정치 무관심층의 벽에 부닥쳐 맥을 못 추는 가운데 시민운동세력이 나서서 이 난국 타개의 중심에 서줄 것을 애걸하고 있는 판국이다. 구 정치권이 정치권 밖에 있는 인사들을 대선의 후보로 갈망하고 있는 것이 그 상징적 현상이다.

일제시대 '신간회'에서 교훈을 얻어야 한다. 우리 민족이 매우 어려운 상황에 직면했을 때 구국운동이 백척간두에 선 민족에게 빛을 던져준 사례는 많다. 일제 강점기 시대 제2차 세계대전 직전의 '신간회' 결성은 그 중의 하나다. 일제 강점기 시대의 선각자들은 사상과 이념, 신조와 신앙 등의 벽을 뛰어넘어 '신간회'를 조직함으로써 단결된 모습을 보였다.

비록 제2차 세계대전 때문에 결실을 보지 못했지만 우리나라 '민족민주 평화 복지운동'의 모범이었다. 지금이 바로 '신간회' 결성 당시의 상황과 매우 흡사하다. 민족민주 평화 복지를 지향하는 시민운동단체들도 이 역사적 사례에서 교훈을 얻어야 한다.

민족·민주·평화·복지라는 가치가 결정적으로 위협받고 있을 때 그것은 '정치운동'이니까 하고 관여를 하지 않겠다고 하는 수수방관적인 태도는 역사에 대한 일종의 반동이라는 비판에서 자유로울 수가 없다.

(2006년 1월 20일 『미래구상 연찬회』 축사)

정신대 할머니들을 창부로 폄하한 식민지 근대화론자들

요 며칠 사이에 안병직 교수가 기자회견을 통해 말도 안 되는 소리를 내뱉고 있습니다. 『오마이뉴스』에서 기자회견 내용을 보도하더니, 어제 밤 『MBC』에서 또 기자회견을 했다고 합니다.

그는 일제 강점기 시대 총독부가 일본군 종군위안부 할머니들을 강제로 끌어간 것이 아니라 할머니들은 돈을 벌기 위해 몸을 판 여인들이었다고 비하했습니다. 내가 예상한대로 문제가 점점 심각해지고 있습니다.

언론의 대응도 큰 문제입니다. 흥미 위주로 나가니까, 안병직 교수의 말을 연일 부각시키고 있습니다. 기자회견 내용을 보도하려면 반대편의 의견도 균형 있게 다루어야 하는데 안교수의 말만 보도하고 있습니다. 이것은 언론의 정도가 아닙니다.

안교수는 서울대 명예교수라는 직함에 기대여 학문을 앞세워 그릇된 생각을 퍼뜨리고 있습니다. 학문적으로도 그의 이론이 '허구'라는 사실은 내가 이미 약 10년 전부터 경제사학회의 연구발표회와 『역사비평』등에서 줄기차게 지적해 왔던 일입니다.

안교수의 행동은 일종의 언론 폭력이라고 할 수 있습니다. 자기 생각에 대한 학문적 비판이 이미 오래 전에 제기되어 왔음에도 불구하고 이에 대한 학문적인 응답을 회피한 채 비과학적인 독단을 내뱉고 있기 때문입니다. 이런 점에서 그의 행동은 철저한 민족배타주의 사관으로 오염된 일본 깡패 우파 폭력배와 같은 행동이라고 해도 과언이 아닙니다.

그의 언론 폭력이 한국 사회의 진보와 개혁을 가로막는 데 이용되고 있다는 점은 반드시 집고 넘어가야 합니다. 그것은 이미 정치문제화 되어있습니다. 한나라당 대변인이 그를 지지하고 있는 형편입니다. 이런 흐름을 차단하지 못한다면 우리 민족의 장래는 없습니다.

(『오마이뉴스』 2006년 12월 7일)

창씨개명 논쟁보다 진실규명 선행시키라

친일파 명단이 일부 국회의원 모임에서 발표된 것을 계기로 일제 강점기 시대의 행적들을 둘러싼 논쟁이 한창이다. 과거사는 사실 그대로 밝혀내야 한다. 역사적 사실은 반면교사의 역할을 한다. 과거사를 분명히 밝혀야만 또다시 그런 과오를 되풀이하지 않기 때문이다.

그렇다면 과거 일제 강점기 시대의 과오도 현재의 관점에서 평가되어야 한다. 해방 후 반민특위가 강제 해산되었고 6·25 동란을 거치는 과정에서 일제 강점기 시대의 반민족 행위의 진실이 철저히 은폐되고 말았다. 그 결과 친일파와 그 후손들이 단 한 번도 그 죄과를 사죄하지 않은 채 오늘에 이르렀다. 친일 장교인 박정희의 철권정치가 18년간이나 이어지고 그 추종자들이 한국 사회를 지배해 왔기 때문에 친일 인맥이 한국 사회를 완전히 장악할 수가 있었다. 친일 인사들의 사대주의적 속성은 친미로 포장되면서 이 사회의 주류를 형성하였고 오늘도 여전히 이들 기득권자들의 사대주의가 한국 사회를 지배하고 있다.

사대주의를 청산하지 않고서는 민족의 활로를 개척할 수 없다는 것이 오늘 우리의 절박한 상황이다. 외세에 의해 조성된 남북 대결의 멍에를 벗어 던지지 않고서는 민주주의도 복지국가도 이룩할 수 없다는 것이 분명해지고 있다. 20세기 내내 외세 지배에서 벗어나지 못한 우리의 현실은 21세기에는 기필코 타파되어야만 한다. 이를 위해서는 무엇보다 100년 동안 우리를 짓눌러온 사대주의를 극복해야 한다. 우선 친일행위자들의 진실은 남김없이 밝혀져야 하며 그들과 그 후손들로부터 말이 아니라 행동으로 사죄를 받아내야 한다. 그것은 과거의 죄과를 캐서 상처를 주기 위한 것이 아니라 사대주의 청산과 민족의 밝은 미래 개척을 위해 필수적인 것이다.

따라서 만일에 그들 친일파들이 진솔하게 죄과를 뉘우치고 앞으로 다시는 그런 반민족적 사대 행위를 하지 않겠다는 맹세를 하고 요직을 사양하고 자숙하는 행동을 보여준다면 관대하게 용서하는 아량 또한 필요하다.

그런 관점에서 볼 때 요즈음 정치권 일각에서 일제 강점기 시대의 창씨개명을 들추어내 상처를 주려고 하는 행위는 마땅히 배격되어야 한다. 이 문제에 관해서 필자 자신에게 얽힌 다음의 이야기는 좋은 참고가 될 것이다.

일제 때 창씨개명령이 내려진 것은 필자가 초등학교 6학년 때였다. 이 때 우리 집안에서도 창씨를 둘러싸고 큰 논란이 있었다. 결국 민족애가 유난히 강했던 형님의 설득으로 우리는 결국 창씨를 안 했다. 그 때 제일 큰 걱정거리는 창씨를 안 한 탓으로 필자가 중학교 시험에 낙방하면 큰일이라는 것이었다. 이 때 형님은 나에게 만일 왜 창씨를 안 했냐고 구두시험 때 물으면 창씨를 했다고 대답하라고 일러주었다. 왜냐하면 조선총독부 창씨개명령에 따르면 다음 해에 모든 한국 사람은 자동적으로 창씨개명을 한 것으로 명기된다는 것이었다. 어린 소견에도 만일 그런 대답을 하면 붙을 것도 못 붙게 되지 않을까 불안했지만 다행히 중학교 입학시험 때 그런 질문은 없었다.

입학하고 보니 150명 입학자 중 창씨개명을 안 한 사람은 필자를 포함해 세 명밖에 없었다. 임씨나 남씨 등 일본식으로 불러도 되는 학생을 빼고 계산하면 그랬다. 그런데 당시의 김대우 도지사마저 창씨를 안 한 사람이었다. 필자는 힘없는 촌로의 자식이었지만 당시 일본 중추원 참의나 높은 벼슬에 있는 사람들도 창씨를 안 한 경우가 있었다.

이런 점에 비추어 보면 창씨 문제를 부각시키는 것은 온당치 않다. 다들 창씨를 했는데 이런 지엽적인 문제에 매달리면 친일행위 규명이라는 본래의 좋은 뜻이 공감을 얻기 어려워질 수도 있다. 제발 이런 지엽적 논쟁은 접어두고 우선 진실규명을 선행시켜야 한다.

(『한겨레신문』 2002월 3월 4일)

박정희기념관을 반대한다

오늘 이 자리는 분노의 자리임과 동시에 새로운 시대를 앞장서서 열어가려고 하는 역사 창조의 자리가 되어야 하며 또 그렇게 되리라고 확신합니다.

우리는 무엇보다 복받쳐 오는 분노를 참기 어려워 이 자리에 모였습니다. 박정희가 누구이기에 수백억 원에 달하는 국민의 혈세를 그리고 1천만 서울 시민의 공유재산인 수천 평의 땅을 박정희의 망령 앞에 바치려는 것입니까. 박정희가 그렇게도 위대한 인물이란 말입니까? 아닙니다. 절대로 아닙니다.

그가 누구입니까. 그는 무엇보다 일본 제국주의 군대의 장교가 되기 위해 자원해서 일본 육사를 거쳐 일본 천황에게 죽기를 맹세한 충성스러운 일본군의 장교였습니다. 그는 중국 동북부(만주) 벌판에서 일본 제국주의에 맞서 싸우는 우리 독립군 토벌작전을 지휘한 친일매국 행위자였습니다.

그는 당연히 우리 대한민국의 건국과 더불어 청산·처단되었어야 할 인물이었지만 반민특위를 폭력으로 해산시킨 반역사적 흐름에 용케도 편승하여 대한민국 국군장교로 변신하였습니다. 그는 8·15해방 후 공산주의자로 변신하여 대한민국 국군 안의 공산당 프락치로 암약하다 여순반란사건 때 체포되어 사형 언도까지 받았지만 자기 동지들을 팔아먹은 대가로 용케도 살아남아 다시 대한민국 장교로 복귀하여 장군의 별을 달았습니다.

1960년 꽃다운 학생들의 피로써 쟁취한 4월 혁명으로 이 땅에 모처럼 민주주의의 꽃이 활짝 피어날 듯 했지만 박정희는 총칼로 이를 무참히 짓밟았습니다. 그는 자기 합리화를 위해 많은 민주인사들을 사형대로 끌고 가 처형했습니다. 재벌들을 처단하는 척하다가 결국은 이들과 손잡고 이들을 키워주는 대가로 막대한 정치자금을 조달함으로써 경제개발 정책을 이끌어 갔습니다.

그의 행적은 독일 히틀러의 행적과 닮은 점이 너무나 많습니다. 그는 정보부를 앞세운 공작정치를 통해 이 땅의 정치 경제 사회의 모든 국면을 타락시켰으며 수많은 민주인사들을 처단하여 이 땅을 암흑세계로 만들어 놓았습니다. 사실 따져놓고 본다면 김대중 납치사건은 빙산의 일각에 불과한 것이었습니다.

지금 김대중 대통령은 박정희기념관 추진위원회 명예회장직을 맡아 금년에 200억 원을 시작으로 앞으로 얼마가 될지 모를 수백억 원의 국민 혈세를 쏟아 부어 1천만 서울 시민의 공유재산인 5천 평에 달하는 상암동 부지를 기증하여 박정희를 기념하기 위한 으리으리한 기념관을 건설하는 데 앞장서고 있습니다. 박정희에게서 가장 크게 탄압받았던 김대중 대통령이기에 그 분이 자기의 철천지원수를 은혜로써 갚으려고 하는 아름다운(?) 마음씨에 대해 노벨평화상 심사위원들이 크나큰 감동을 받을 것이라고 기대할지도 모릅니다.

그러나 박정희로부터 탄압받고 처단되었던 인사들은 김대중 대통령 말고도 수없이 많습니다. 이들의 영혼이 아직도 황천을 떠돌고 있는 이때 대통령이라고 해도 박정희를 용서할 권리는 없습니다. 박정희에 의해 희생되어 아직도 한을 품고 황천을 헤매고 있을 애족 애국선열들만이 그를 용서할 권리를 가지고 있다는 사실을 이 기회에 분명히 못 박아야 합니다.

박정희를 용서하고 싶으면 혼자서 할 일이지 왜 국민의 혈세까지 쏟아 부어 국민 전체를 세계의 웃음거리로 만들려고 하는 것입니까. 이것은 분명 역사에 대한 모독이며 폭거라고 하지 않을 수 없습니다.

우리는 지금 민족사의 중대한 기로에 서 있습니다. 김대중 대통령은 분명 반세기만에 처음으로 6·15선언을 이끌어냄으로써 이 민족사의 위대한 전환점의 중심에 서서 역사를 끌고 가고 있습니다. 우리는 이를 어느 누구보다 높이 평가합니다.

김대중 대통령 하는 일이면 무조건 반대하는 김영삼 전 대통령은 김일성 주석 생전에 그와 면담하고 악수하기로 했던 일을 접어둔 채 위대한 6·15 남북공동선언 마저도 대한민국을 북에 팔아먹은 행위라고 비난하면서 이를 규탄하는 범국민 서명운동을 벌이겠다고 수준 이하의 주장을 하고 있습니다.

하지만 여기 모인 우리는 분명 그와는 입장을 달리하고 계실 줄 믿습니다. 6·15선언은 우리 민족의 자주 민주 통일을 향한 열화와 같은 소망을 담아낸 위대한 성과임이 분명합니다. 그런 점에서 우리는 이를 이끌어 낸 김대중 대통령을 지지하고 성원함에 있어 결코 남에 뒤지지 않습니다.

그러나 박정희기념관 건립을 김대중 대통령이 끝내 추진하려 한다면 엄청난 국민적 저항에 부딪히게 될 것을 우리는 분명히 경고해 두고자 합니다. 6·15선언이 우리 민족의 역사를 한 발짝 전진시킨 위대한 성과였다면 이번 추진되고 있는 박정희기념관 건립 계획은 바로 역사를 뒤로 돌리려고 하는 반민족적 반민주적 반민중적 반역사적 폭거라고 보기 때문입니다.

우리는 박정희기념관 건립을 추진해 온 세력들이 김대중 대통령을 볼모로 삼아 이런 무모한 반역사적 만행을 저지르고 있다고 보고 있습니다. 박정희기념관을 세움으로써 그의 사상과 행적을 정당화하면 이제까지 저들 박정희 추종세력들이 자행해 왔던 과거의 모든 부정과 부패와 반통일적 반민족적 반민주적 반민중적 행각들에 면죄부를 씌우는 효과가 있기 때문에 김대중 대통령의 약점을 이용하여 한사코 박정희기념관을 건립하려고 한다는 사실을 우리는 알고 있습니다.

이와 관련해서 우리가 또 하나 분명히 알아두어야 할 점은 박정희기념관에서 그들의 정통성을 찾으려고 하는 세력들이 바로 오늘의 기득권 세력들이고 냉전시대에 향수를 느끼는 세력들이고 6·15 선언에 유형무형으로 제동을 걸고 시비를 걸고 있는 세력들 역시 그들이라는 점입니다. 김대중 대통령은 바로 이 사실을 직시해야 할 것입니다.

우리는 역사의 수레바퀴를 뒤로 돌리며 새로운 시대에 저항하면서 냉전 수구적 구질서에 한사코 매달려 기득권을 수호하려고 발버둥치고 있는 세력들을 무력화시키는 운동을 전개해야만 비로소 역사의 진보를 이룩할 수 있습니다.

만일 박정희기념관 건립이 용납된다면 우리 민족은 민족 정기를 상실한 민족으로서 전 세계의 웃음거리로 전락할 것입니다. 더욱이 자라나는 새싹들에게 이 기념관을 어떻게 정당화하고 무엇이라고 설명할 수 있겠습니까. 우리는 박정희기념관 건립을 끝까지 저지하는 것이 역사적 소명이며 앞서 가신 애국 애족 영령들의 영혼을 달래는 길임을 누구보다도 잘 알기에 이 자리에 모인 것입니다.

앞으로 우리는 '박정희기념관 반대 국민연대'에 모아진 우리의 뜻을 오늘의 역사 창조의 밑거름으로 삼아야 한다고 생각합니다. 우리는 과거에서 얻어진 교훈을 바탕으로 미래 창조의 길로 나서야 합니다. 이를 위해 우리는 역사 속에서 얻어진 교훈을 당면한 오늘의 정의로운 사회 건설의 활력소로 전환시켜 '역사정의를 위한 범국민운동'을 전개해야 할 것입니다.

우리는 너무 오랫동안 박정희의 망령에 시달려 왔습니다. 전두환 노태우 양 전직 대통령에 의한 천문학적 액수의 비자금은 불법이라는 법원 판결이 났음에도 환수되지 못하고 있는 오늘의 사태는 정의의 실종을 웅변해 주고 있습니다. 이들과 야합하여 정권을 장악했던 무리들이 민주의 탈을 쓰고 지금도 버젓이 큰 소리를 치고 있습니다. 역사 속에서 얻어진 교훈은 어느 한 곳에서도 찾아보기 어려운 실정입니다.

우리는 이런 상황 아래서 21세기를 극심한 역사적 정체 속에서 맞이하고 있습니다. 많은 국민의 반대에도 불구하고 박정희기념관 건립 계획이 버젓이 추진되고 있는 오늘의 상황이야말로 우리 사회가 역사 속에서 교훈을 얻지 못하고 헤매고 있다는 증거가 아니고 무엇이겠습니까.

'역사정의를 위한 범국민운동'이 필요한 이유가 여기에 있습니다. 우리는 이를 통해 이 땅에 정의로운 사회를 창조함과 동시에 위대한 6·15선언을 이 땅에 정착시키고 남북의 진정한 평화와 교류 협력 그리고 자주적 통일국가 건설을 위해 앞장서 나가야 할 것입니다. 이것이 바로 우리가 이 자리에서 '박정희기념관 반대 국민연대'를 통해 국민에게 호소하려고 하는 핵심적 내용입니다.

우리가 나아가는 길은 정의로운 길이며 역사의 진보를 위한 길입니다. 우리의 길은 분명 험난한 길입니다. 그러나 우리는 반드시 승리할 것입니다. 역사 진보의 드높은 깃발은 바로 우리 손 안에 있기 때문입니다.

(2000년 9월 28일)

언더독(underdog)의 힘 과대평가는 금물

재난을 예방하자

『오마이뉴스』 3월 4일자 정치란 남재희 전 노동부장관(전 민정당 정책위원장)의 대담을 재미있게 읽었다. 역시 언론계와 정계에서 잔뼈가 굳은 원로답게 재미있는 말이 많았다. 그러나 그가 한나라당이 집권해도 현재까지 이루어놓은 김대중 – 노무현 시대의 큰 흐름을 바꿀 수 없을 거라는 말에는 찬동할 수가 없다. 그는 그 근거로써 "한나라당이 집권하더라도 언더독(underdog, 서민대중)의 저항이 강하게 일어나 후퇴하지 못 한다"는 점을 들었다.

이런 관측은 고려대 최장집 교수의 견해와 일맥상통하는 내용이다. 최장집 교수도 한나라당으로 정권을 넘겨주는 것이 차라리 나을 수 있다고 말하여 논란을 불러왔다. 남재희 전 노동부장관도 최장집 교수의 견해와 비슷한 면이 있다. "한나라당으로 정권이 넘어가도 큰 변화가 없을 터"이기 때문에 차라리 그들에게 정권을 넘겨주라는 식의 이야기로 들리기 때문이다. 그러나 이런 식의 담론은 지극히 무책임한 담론이다.

한나라당으로 정권이 넘어가면 서민층underdog이 들고 일어나기 때문에 김대중 – 노태우 양 대통령이 깔아놓은 궤도에서 크게 이탈할 수밖에 없다고 한다. 이 말에는 한나라당이 서민층에게 매우 불리한 정책을 시행할 것이라는 전제가 깔려 있다. 그렇다면 한나라당이 집권하면 서민층에게 어떤 불이익이 닥칠 것인가를 조목조목 따져

보는 것이 선행되어야 한다. 그런 점은 말하지도 않고 서민층의 저항 때문에 한나라당이 집권해도 큰 변화는 없을 거라고 말한다는 것은 서민층이 상당히 큰 고통을 당하겠지만 이런 것은 나와는 상관없다는 식의 방관자적 태도로 비친다.

역사에 대해 책임을 느끼는 사람이라면 한나라당으로 정권이 넘어가면 어떤 변화가 올 것인가를 먼저 말해야만 한다. 그렇지 않고 한나라당이 집권한 연후에 역사를 거스르는 정책을 펼치더라도 서민층이 들고 일어나서 이들을 혼내줄 것이므로 그다지 쉽지는 않을 거라는 관측을 내놓게 되면, 한나라당으로 정권이 넘어가도 어차피 서민들의 저항에 항복할 것이기 때문에 한나라당이 집권해도 문제될 것이 없다는 생각을 유포시킬 위험성이 있다.

지금 얻어진 여러 자료들만으로도 한나라당으로 정권이 바뀌면 어떤 상황이 벌어질 것인가는 짐작이 간다. 한나라당이 집권하면 서민들에게 엄청난 고난을 몰고 올 것으로 보는 사람이 많다.

금년 3·1절 날에 뿌려진 뉴라이트 전국연합 기관지를 보면 뉴라이트의 본질이 '올드라이트'와 조금도 다르지 않다는 것을 잘 알 수가 있다. 이 기관지는 다음과 같은 것들을 요구하고 있다.

김정일 정권 타도, 작전통제권 이관 반대, 국가보안법 사수, 민주노동당과 전교조 해체, 6·15공동선언 파기, 김대중 – 노무현 등 친북좌파 세력 단죄, 교육법 개정, 시장경제의 활성화(재벌 옹호와 부동산정책 수정) 등등이다. 이는 바로 전두환 – 노태우 시대로의 회귀라고 해도 지나침이 없다. 이들의 말대로 뉴라이트가 좌지우지하는 한나라당이 집권하면 역사가 박정희 – 전두환 – 노태우 시대로 10년 내지는 20년 아니 삼사십년 후퇴하여 과거 군사정권의 인권유린과 반민주적 파쇼적 작태가 부활하리라는 것은 불을 보듯 빤한 일이라고 할 수가 있다.

지금 시중의 많은 사람들은 노무현 대통령의 실패를 말하면서 그를 욕하는 데 열을 올리고 있다. 확실한 개혁적 모습을 보여주지 못했기 때문이다. 그러면 전두화 — 노태우 시대로 돌아가야 한다고 생각하느냐고 반문하면, 입을 꼭 다문다. 그런 것을 바라지 않는다는 이야기다. 그래도 그 시대보다는 지금이 더 낫다고 보는 것 같다.

정치를 잘 모르는 일반 사람들은 뉴라이트를 키워 온 조·중·동 등 거대 신문매체의 영향을 받아 김대중 — 노무현 시대를 형편없는 것으로 욕하는 데 열을 올리고 있다. 그러나 현재의 한국 정치가 전두환 — 노태우 시기보다 못하냐고 물으면 그 때보다는 훨씬 낫다고 대답하지 않을까 한다.

한나라당이 집권하면 가장 우려되는 것이 공안 정국이다. 빨갱이 잡기를 내세운 '매카시 선풍'이 들이닥칠 거라는 예감이다. 이렇게 되면 한국 사회는 또다시 군사정권 시대의 암흑 세계로 되돌아갈 것이다. 금년 말의 대선은 바로 이런 과거 군사정권에 뿌리를 둔 파쇼세력과 미래를 내다보는 민주진보 세력과의 한판 승부라고 할 수 있다. 그것은 파쇼 대 민주주의, 독점재벌 대 서민, 기득권 세력 대 민중, 사대주의 세력 대 자주 세력, 대북 적대 세력 대 대북 평화 협력 세력, 반통일 세력 대 통일지향 세력 이들 사이의 일대 결전의 장이라고 할 수 있다. 전선을 이렇게 가르지 않으면 민주민족 평화 세력에게는 절대로 승산이 없다.

이런 결전의 장을 방관자적 입장에서 먼 강 건너 불을 보듯 "한나라당이 집권해도 서민대중의 저항으로 과거로의 회귀는 어렵다"고 말하면 결과적으로 한나라당의 집권을 묵인하는 발언으로 들릴 뿐이다.

만일 남재희 전 장관과 최장집 교수의 예측대로 한나라당이 집권한 후에 서민층이 또다시 "못 살겠다 갈아보자"고 외치며 일어선다는 것이 확실하다면 이를 사전에 차단함으로써 서민층에게 희생을 덜어주는 데 힘을 보태는 것이 역사에 충실한 지식인다운 태도라 할 것이다. 지식인들의 역사에 대한 방관자적 태도가 한국 역사를 후퇴시키는 데 일조했다는 사실을 직시할 필요가 있다.

(『오마이뉴스』 2007년 3월 5일)

박근혜 후보는 말 대신 행동을

대선을 앞두고 정치인들의 말잔치가 난무하고 있다. 박근혜 한나라당 경선 후보의 '경선출마 성명' 도 그 중 하나다. 그는 박정희 전 대통령 시대에 고통 받고 핍박 받았던 모든 분들에게 아버지를 대신해서 깊이 사과드린다고 했다. 이런 사과의 말을 듣기는 처음인 것 같다. 그러나 그의 말은 듣는 이들에게 감동을 주기 어렵다. 말과 행동이 따로 놀기 때문이다.

박정희 군사독재 시절에 고통 받고 핍박 받았던 사람들의 대부분은 국가보안법의 독소조항을 적용받은 사람들이었다. 민족일보 사건, 인혁당 사건, 민청학련 사건 등 여러 반인권적 사건들에서 사형 등 중형이 선고되었다. 6월 항쟁의 불을 댕긴 박종철 열사의 고문치사 사건도 보안법의 테두리 안에서 저질러졌다. 보안법에 대해서는 대법원마저 위헌의 요소가 있다고 인정했고 유엔 인권위도 폐기 내지 개정을 요구한 바 있다.

박근혜 후보는 "국가보안법의 일부 순기능마저 없앨 수는 없고 악용의 소지가 있는 조항에 대해서는 국민이 충분히 납득하고 안심할 수 있도록 개정할 것"이라고 밝혀왔다. 그러나 보안법을 폐지하는 것은 시기상조라고 버텼고 수구언론이 이에 가세했다. 그 후 보안법 개정 논의는 물밑으로 가라앉은 채 독소조항은 그대로 엄존해 있다. 과거사를 정리하려면 보안법을 일단 폐지한 후 대체입법화 하는 것이 순리다.

박후보가 “아버지 때문에 고통 받았던 모든 분들에게 사과 한다”는 말을 그대로 받아들일 수 있을까? 박후보가 대통령이 되면 이 법으로 구태의연한 ‘보안법 파동’을 일으킬 위험은 상존한다.

박후보가 자기 아버지 때문에 고통 받았던 분들에게 대신 사과하려면 무엇보다 보안법을 폐지할 수 없다고 버텼던 한나라당의 정책이 잘못이었음을 솔직히 시인하고 이 반인적인 법률을 폐지하겠다는 의지를 확실하게 밝혀야 한다. 그렇지 않고 말로써 사과한다고 이를 곧이들을 사람이 얼마나 있을까?

박근혜 후보는 “자유민주주의와 시장경제를 철석같은 신념으로 지켜내겠다”고 했다. 그러나 자유민주주의와 시장경제를 가로막아 온 것이 바로 보안법 체제였다. 이 보안법 체제 아래서 자유민주주의와 시장경제는 여지없이 짓밟혔다. 보안법 체제 아래 거대 재벌만이 활개 칠 수 있었고 시장경제 질서는 철저히 유린되면서 외환위기 사태로 이어졌다. 박근혜 후보가 자유민주주의와 시장경제를 철석 같이 믿는다면 우선 보안법 체제를 바꾸겠다고 공약해야 할 이유가 바로 여기에 있다.

박근혜 후보가 우선해야 할 일은 말과 행동을 일치시키는 일이다. 그는 “평화를 정착시켜 남북이 공동 발전하도록 하고 통일의 기반을 만들겠다”고 공약했다. 그러나 그와 한나라당의 많은 당원들이 올해 3·1절에 시청 앞에서 대형 태극기와 성조기를 내걸고 6·15공동선언의 파기를 요구하고 김대중·노무현 전 현직 대통령을 ‘빨갱이’로 매도하고 김정일 타도, 금강산 관광과 개성공단 사업 중단을 외치는 뉴라이트들의 집회에 참석하여 격려했다.

이런 언동과 ‘평화’ ‘남북공동발전’ 운운이 어떻게 일치하는 것인지 모르겠다. 이것뿐만이 아니다. 박정희 전 대통령의 인권 유린을 사죄하기 위해서는, 박근혜 후보가 '정수장학회'에서 완전히 손을 떼고 그 재산을 국고에 헌납하도록 해야 한다. 이런 진솔한 행동을 보이지 않고 앞뒤가 맞지 않는 언동으로 일관한다면 국민의 마음은 커녕 한나라당 당원들의 마음마저 얻지 못할 것이다.

(『한겨레신문』 2007년 6월 19일)

3

재벌 압력에 굴복하고 개혁을 배반한 정치권

독점재벌들의 중소기업 기술도용 방지책을 마련하라

최근에 어떤 중소기업과 삼성전자 사이에 벌어졌던 특허소송 1심에서 중소기업 쪽이 승소했다. 이것이 화제가 된 것은 이런 경우 대개 재벌들의 승소로 판결나는 경우가 대부분이었기 때문이다. 이제까지는 재벌기업과의 특허심판에서 중소기업이 승소한다는 것은 하늘에서 별 따기처럼 어려웠다. 법 앞의 평등은 말 뿐이었고 소송비용이나 변호사 동원 능력에서 취약한 중소기업들은 눈물을 머금고 현실에 순종할 수밖에 없었다.

아무리 좋은 기술을 발명했다손 치더라도 자본력이 취약한 중소기업들은 막대한 개발 자금을 감내할 능력이 없기 때문에 자본력이 뛰어난 독점재벌들에게 자금 투자를 사정할 수밖에 없었다. 독점재벌들은 이런 중소기업의 약점을 이용하여 자기들에게 유리한 계약을 맺어 기술의 비밀을 캐낸 후 적당한 시기에 이들을 내치기 일쑤였다. 중소기업들은 법에 호소해 보아야 별 수 없으리라는 체념을 한 끝에 대부분의 사건을 법정으로 끌고 가는 것을 스스로 포기하는 사례가 허다했다.

특허에 관한 분쟁은 대부분 법원에 가기 전에 대한상공회의소 산하의 '상사중재원'의 심판을 거치는 경우가 많다. 이 상사중재원의 심판은 1심 판결에 준하는 효력을 가진다. 또한 심판원에 대해 원고와 피고가 서로 동의한다는 조건 아래 심판을 진행시킨다. 제법 객

관적인 심판이라는 외모를 갖추고 있다. 하지만 실상은 그렇지가 않다.

구체적인 사례를 하나 소개한다. 어떤 중소기업체는 음식쓰레기 소멸시스템을 개발하여 특허를 갖고 있었다. 이 기술에 '현대산업개발주식회사'가 개발자금을 지원했지만 얼마 안가서 분쟁이 발생했다. 계약 조항에 따라 상사중재원의 심판을 청구했다. 심판결과 상사중재원은 현대산업개발 측의 계약 위반 사실을 인정했다. 그런데 그 심판내용을 보고 중소기업 측은 아연실색했다. 현대 측은 기술을 중소기업 쪽에 돌려주고 중소기업 쪽은 그동안 받아 쓴 수억 원에 달하는 개발지원금을 현대 측에 반환해야 한다는 것이었다. 특허 내용은 이미 현대 측에서 다 알게 된 마당에 기술을 돌려받는다는 것은 아무 의미가 없다는 것을 뻔히 알면서도 심판원들은 이런 심판을 한 것이었다. 현대 측의 로비 때문이라는 심증도 갔지만 판결에 승복하겠다고 서약한 처지라서 어찌할 도리가 없었다.

개발 자금은 벌써 다 써서 없어진 상황이었기 때문에 수억 원에 달하는 개발 자금을 현대 측에 갚을 길이 없었다. 상사중재원의 심판은 1심판결에 준하는 것이기에 상급법원에 제소해도 승소할 가능성도 없어 보였다. 결국 이 중소기업은 법원에 제소하지도 못하고 도산하고 말았다. 갖고 있는 회사의 재산은 현대 측에 압류되어 공매에 붙여졌다.

이 사례에서 보면 상사중재원의 심판을 법원의 1심판결에 준하는 것으로 규정한 상사중재원법 자체가 문제라고 할 수 있다. 이런 경우에는 중소기업에게 상공회의소 측이 법적 소송비용을 지원해서라도 법원판결에 호소할 수 있도록 도와주는 제도가 있어야 한다. 그런 제도상의 허점을 보완하지 않으면 중소기업은 호소할 길이 막막

하다.

흔히 기술개발은 재벌기업에게 비교우위가 있다고 착각하는 사람이 많지만 여러 실증적 연구에 의하면 반드시 그렇지 만은 않다. 오히려 중소기업이 연구개발에 열심이고 재벌기업들은 자기가 많은 돈을 들여 스스로 기술을 개발하기보다 이미 개발된 기술을 헐값으로 사서 돈벌이에 이용하는 쪽을 택하는 경우가 많다.

위에서 언급한 삼성전자와 한 중소기업과의 특허분쟁은 빙산의 일각일 따름이다. 이런 재벌기업들의 횡포에 울면서 결국 도산하고만 중소기업들은 수없이 많을 것이다. 이것을 재벌기업들의 도덕성의 문제로 몰아가는 것은 옳은 견해가 아니다. 정부의 기술개발 정책이 그런 맹점을 메워주지 않는 한 재벌기업들의 횡포는 이어질 것이기 때문이다.

21세기 세계적 무한경쟁시대에 살아남을 길은 기술개발에 힘쓰는 일이다. 그런데도 정부의 기술정책은 허장성세이다. 내용이 뒤따르지 못하고 있다. 특히 중소기업에 대한 기술개발 지원 정책에는 허점이 많다. 보다 효과적인 정책을 촉구한다.

(『한겨레신문』 2005년 10월 17일)

재벌 압력에 굴복하고 개혁을 배반한 정치권

민주당, 한나라당, 자민련 등 3당은 10일 경제정책협의회에서 공정거래법 상 규제가 까다로운 30대 재벌제도를 없애고 대신 일정액의 자산 규모를 넘는 기업에 대해서만 규제를 가하도록 하는 시행령을 고치기로 했다.

그동안 재벌들은 30대 재벌 지정제도에 의한 규제를 없애야만 투자가 활성화되고 경기가 되살아날 수 있다고 끈질기게 주장해 왔다. 한나라당은 이에 맞장구치기 위해 규제는 4대 재벌에 국한시키자고 주장해 왔다. 심지어 김만제 한나라당 정책위의장은 기업에 대한 정부규제는 사회주의적 정책이므로 모두 없애야 한다고 매우 유식한(?) 주장을 펴기도 했다. 한나라당 김만제 정책위의장의 주장대로 규제를 전부 풀면 어떤 결과가 올 것인가.

보나마나 경제는 또다시 약육강식의 냉엄한 법칙이 지배하는 무법천지가 될 것은 빤한 일이다. 음주 운전이나 속도 제한이 철폐되면 교통이 일대 혼란에 빠진다는 것만 보아도 알 수 있다. 규제 완화로 자동차가 더 빨리 달리기는커녕 차들이 뒤엉켜서 교통지옥이 연출될 것이다. 우리나라와 같이 준법정신이 마비된 사회에서는 더더욱 그럴 것이다.

30대 재벌을 지정하고 이에 대한 특별감시를 해 온 이유는 문어발식으로 자기 영역도 아닌 분야에까지 손을 뻗쳐 중소기업들을 먹어 삼켜 덩치만 비효율적으로 키우고 불과 4~5%도 안 되는 소유주식을 가지고 계열회사들을 동원하여 많게는 40~50개의 기업을 떡 주무르듯이 지배하면서 회사자금 빼먹기, 비자금 조성 등을 저지르는 여러 가지 폐단을 미연에 방지할 필요가 있었기 때문이다.

최근 들어서는 참여연대 등 기업민주화 운동의 주장을 일부 수용하여 기업 지배 구조를 건전화하고 되도록 투명하게 하기 위해 집단소송제, 사외이사제 등 기업 지배 구조 개선을 위한 제도적 장치가 마련되었다. 하지만 재벌들은 번번이 이들 새로운 제도를 교묘히 피하기 위해 별의별 재주를 다 부려왔기 때문에 약간의 효과는 있었어도 아직도 충분하지 않다는 지적이 지배적이다.

이런 판국에 30대 재벌제도를 없애고 자산 규모로 재벌이냐 아니냐를 가려낸 뒤, 한나라당의 주장대로 4대 재벌만 남겨놓고 나머지는 다 자율로 맡겨두면 이제까지 추진해 온 재벌 개혁 정책은 사실상 행방불명될 것은 불을 보듯 빤한 일이다. 재벌들의 힘은 이제 극에 달해 있다. 각종 선거를 앞둔 이 시점에서 정치 자금 나올 곳은 주로 재벌들이이다. 이제 각 정당들이 이들의 눈치를 보기에 바빠졌다. 이번 30대 재벌 지정제도를 서둘러 폐지하는 방향으로 귀결된 것도 이것과 관련이 있는 것이 아닌가하는 의혹을 받고 있다는 것을 정치권은 알아야 한다. 또한 우리나라 신문들과 방송매체들 역시 광고주인 재벌들의 눈치 보기에서 자유롭지 못하다.

재산규모로 재벌인가 아닌가를 판가름 하게 되면 어떤 부작용이 발생할 것인가.

첫째 부동산을 처분해서라도 빚을 갚으려는 기업이 없어질 것이다. 회사의 장부에 나와 있는 부동산 가치는 실제보다 터무니없이 낮다. 따라서 재벌로서의 정부 규제를 피하기 위해서는 가지고 있는 부동산을 되도록 팔지 않고 가지고 있어야만 한다. 기업의 구조개혁을 위해서는 불필요한 부동산을 빨리 팔아서 빚을 갚게 유도해야 하는데 이번 정책은 거꾸로 가고 있다.

둘째 총출자 제한을 받지 않게 됨으로써 기업들의 기업사냥에 의한 경제력 집중은 더욱 기승을 부릴 것이다. 또 막강한 경제력을 이용해서 중소기업들을 집어 삼켜 업종 전문화에 역행하는 결과를 가져올 것이다.

셋째 출자 제한을 없애면 투자를 더 많이 할 것이라고 강변한다. 그러나 한동안 출자제한을 철폐했더니 시설투자는 늘지 않고 재고투자와 재테크 투자만 엄청 늘었던 전례가 있다. 출자 제한 때문에 경기 진작이 안 된다는 것은 새빨간 거짓말이다.

이렇게 사리는 분명함에도 불구하고 정치권은 재벌들의 말을 들어주어 재벌들이 제멋대로 할 수 있는 길을 터주었다. 말로는 민생을 걱정한다고 하면서 하는 일들은 그것과 역행하는 재벌 편들기 정책으로 나가고 있다.

경제 문제는 워낙 알기 어려운 면이 있어 일반 사람들은 알지 못하는 사이에 속아 넘어가기 쉽다. 그렇다고 이런 식으로 어물쩍 넘길 수는 없는 일이다. 김대중 대통령은 1999년 8·15경축사에서 재벌을 개혁한 대통령으로 기록되는 것이 소원이라고 했다. 그러나 현실은 거꾸로 가고 있다. 정부의 맹성을 촉구한다.

(『오마이뉴스』 2001년 8월 11일)

한국 농업에서 본 21세기의 일본 농업

일본의 농업은 가족경작적 영세농경이라는 점에서 한국 농업과 매우 흡사하다고 보는 사람이 많다. 그러나 이들 양자 간에 국제적·국내적 조건에는 많은 차이가 있다.

1호당 경영경지 면적은 평균 1.5헥타르가 안 되지만 1999년의 일본 농가 총소득(이전소득 219만 엔 포함)은 846만 엔, 한국의 그것은 일본엔 환산으로 20만 3천 엔이다. 한국 농가 총소득은 일본 농가의 겨우 2.4%에 지나지 않는다. 일본 농가 총소득 846만 엔의 내역은 농가소득 114만 엔(13.5%), 농외소득 513만 엔(60.6%), 이전소득 219만 엔(25.9%)이다. 한국 농가소득의 일본엔 환산액 20만 2천9백 엔의 내역은 농가소득 9만 6천 엔(47.5%), 농외소득 6만 3천9백 엔(31.5%), 이전소득 4만 2천9백 엔(21.1%)이다.

한국 농가의 농외소득 + 이전소득 의존도 52.6%에 비해 일본 농가의 그것은 86.5%로써 커다란 격차가 있다. 그리고 일본 농가 총소득이 한국 농가에 비해 설사 물가 수준을 고려한다 해도 거의 40배 이상이나 된다는 사실은 일본 농업을 한국 농업과 동일한 수준에서 논할 수 없다는 것을 단적으로 나타내고 있다.

현재 한국에서는 도농 간 소득 격차가 클 뿐 아니라 농가 부채가 눈덩이처럼 커져서 농민들은 정부에 대해 부채 탕감 등을 요구하며 격렬한 투쟁을 전개하고 있다. 이들이 내건 구호는 신자유주의 농정

반대와 농산물 수입자유화 반대이다. 이런 농민 운동에 대한 정책에 실패하면 심각한 정치 문제로 발전할 위험성마저 있는 실정이다.

한국 농업의 기본 문제는 자본주의 경제 자체의 기본 문제라는 관점에서 해명하지 않는 한 이해하기 어렵다. 자본주의 경제가 20세기 전체를 통해 줄곧 걸어왔던 역사는 사적 경제의 집적 집중, 그리고 독점화에 의한 독점 자본의 거대한 발전과 그 안에서 더욱더 증폭되어 온 여러 모순에 대응하여 급속하게 진전된 사적 경제에 대한 공적경제 영역의 확대로 특징이 지워진다. 신자유주의에 의한 민영화 확대정책도 공적부문 확대라는 기본적 추세를 억제하지는 못한다. 그것은 국가독점 자본주의화를 향한 추세가속화(趨勢加速化) 경향이라는 말로 바꾸어 표현해도 된다.

여기에 대응하여 정치와 사회도 독재화 내지 파쇼화하는 경향을 나타내 왔다. 이런 경향은 한국에서 가장 극명하게 나타나고 있다. 한국에서는 헌법상 자유민주주의를 국시로 내세우면서도 특정의 사상 신념 결사 등을 억압하는 국가보안법이 버젓이 통용되고 있다.

이렇게 세계적으로 예가 드문 모순된 독재적 법체계 아래서 사적 독점체로서의 거대재벌은 권력과 손을 잡고 거액의 차입금에 입각한 회사 경영과 비자금 조성 등 자금의 사물화에 의한 회사의 공동화를 가져온 결과, 한국정부의 연간 예산에 비견될 만한 140조 원에 달하는 천문학적 거액의 공적자금을 투입에도 불구하고 계속 추가적인 공적자금이 요구될 정도다. 결국 경제 전체가 빚 덩어리에 파묻혀 버렸다. 한국의 농가 경제도 예외가 아니다.

지난해 후반기에 빚에 견디지 못한 농민의 자살 건수가 보도된 것만도 6건이나 된다. 사적 경제가 더욱더 공적 경제화해 가는 추세 아래서 원래 사적 경제였던 농민 경제마저도 점차 깊이 공적 경제의 품안에 들어감으로써 정부(그 대행자인 농협)에 대한 차입금 부담을 줄여주기 위해 공적자금을 동원하지 않으면 안 될 지경이 된 것이다. 나는 이전에 이런 경향을 국가독점 자본주의 하에서 농가가 '토지를 가진 노동자'로 바뀌어 가는 경향이라고 규정한 바 있었다. 공동화된 기업과 일반 금융기관의 구제를 위해 그토록 거액의 공적 자금을 투입해야 하는 것이라면 '토지를 소유한 노동자'라는 사회적 지위로 전락한 농민들의 부채 문제 해결을 위해 공적자금을 투입하는 것은 정부의 의당한 책무가 아니냐는 것이 한국 농민들의 주장이다.

2000년 6·15 남북공동선언은 남북 간의 평화 정착과 자주적 통일을 향해 거대한 일보를 내디뎠다. 그러나 남북 쌍방의 경제에 대해 다 같이 커다란 족쇄로 남아 있는 군사비 삭감을 실현하는 단계에 이르려면 아직도 넘어야 할 고비가 수없이 많다. 국민총생산액의 5%에 달하는 군사비 삭감 이외에 이렇다 할 재원을 발견하기 어려운 상황 아래서 노동자와 농민들의 생존권 요구 투쟁에 적절히 대처할 수 있는 재원을 발견하기란 쉬운 일이 아니다. 설상가상으로 WTO체제 하에서 해외로부터 구조개혁 요구와 시장개방 요구가 줄을 잇고 있다. 이런 준엄한 상황 아래서 한국 정부가 노동자와 농민들의 생존투쟁에 어느 정도 효과적으로 대응하면서 평화적 자주통일이라는 민족적 숙원을 향해 전진할 수 있을 것인지, 이것이 바로 21세기 전반 한국의 최대 과제일 것이다.

한국 농정의 상황에 비해 일본의 그것에는 많은 여유가 있어 보인다. 일미 안보체제 하에서 거의 50년간에 걸쳐 국방비를 한국총생산액의 1% 수준으로 억제할 수 있었던 일본은 비군사 분야에 국가자원을 집중적으로 투입할 수 있었기 때문에 경제대국 = 기술대국을 건설하는 데 성공했다.

또한 아시아 최대 그리고 유일의 선진국이라는 지극히 유리한 지정학적 입장을 최대한 활용하여 일미 협력체제와 WTO체제에 의거하면서 아시아의 이웃 나라들을 일본으로부터 자본재를 수입하여 거기에 값싼 현지의 임금 노동력을 결부시켜 가공품을 수출하는 경제 구조망 속에 몰아넣었다, 그리고 거기에서 얻어진 초과이윤의 일부를 일본 자본주의는 국내의 노동자와 농민에 대해 마치 두목이 부하에게 전리품의 일부를 나누어주는 식으로 분배구조를 구축함으로써 사회적 안정을 보장받을 수 있었다.

농산물시장 개방 압력 등 일본의 농업경제를 목조여 들어오는 여러 요인들이 있었음에도 불구하고 이제껏 일본의 농촌경제는 도시경제에 비해 상대적 안정을 유지해 왔다고 할 수 있다. 적어도 한국에 비하면 훨씬 안정된 모습이다. 이렇게 된 것은 농촌경제의 안정 없이는 국민경제의 안정이 이룩될 수 없다는 국민적 합의가 형성되었던 것뿐만 아니라 이를 위한 정부의 재원이 평화경제 하에서 어느 정도 순조로이 확보되어 왔기 때문이라고 보인다. 확실히 외국정부의 농산물시장 개방 압력에 대한 관민협력 체제에 있어 일본의 그것은 한국이 도저히 따라갈 수 없는 수준이라고 해도 과언이 아니다.

다만 경지 이용형 농업의 경우 생산비 삭감을 위한 경제경영 규모 확대 방안으로서 개별적 기업농 육성이냐 집단적 지역협업이냐에 관해 일본의 농정학자들 사이에서 견해 차이가 있다. 그러나 의욕적인 개별적 기업농일지라도 지역의 집단적 협조체제(공동체적 구조)를 잘 조직화해 내지 못하는 한 성공 가능성이 극히 희박하다는 점에서 보면 이 양자의 접점을 모색하는 일이 중요하다고 생각된다. 또한 노동력과 자본의 집단적 이용은 비교적 용이하지만 농업의 경우 농지의 집단화는 쉽지 않는 일이다. 농지에 관해서는 소유권과 이용권을 분리시켜 각각 별개로 대가를 지불하는 방식을 전개하는 일이 장기적 관점에서 필요하지 않을까 한다.

그러나 농업은 평화가 있음으로써 비로소 발전할 수 있는 산업이다. 이런 의미에서도 일본이 국제평화를 소중히 간직하는 나라이기를 바란다. 이를 위해서는 젊은 세대 특히 농민에 대한 올바른 역사교육이 필요할 것이다. 과거의 쓰라린 경험에서 우러나오는 나의 간절한 소망이다.

(일본 『농업협동조합신문』 2000년 1월 1일 신년특집호)

재산세 증수액 빈곤 구제에 써야

나는 『한겨레신문』에 기고한 '부동산 조세저항을 막으려면'(2003년 11월 14일자)이란 글에서 부동산 투기 억제를 위해 재산세 과표를 대폭 현실화하여 재산세를 증수할 필요성을 주장하였다. 그 전제조건으로 재산세 증수분을 전액 저소득층에 대한 생활안정을 위해 쓰도록 하지 않으면 세금 증수에 대한 사회적 공감대를 얻기 어렵다는 점을 지적한 바 있다.

정부가 올해 7월 재산세를 대폭 올려 부과할 방침을 내비침으로써 한동안 기승을 부렸던 서울 지역의 부동산 투기가 한풀 꺾이는 경향을 보이고 있다. 천만 다행이다. 그러나 올해 7월 재산세가 실제로 부과될 시점에 밀어닥칠 조세 저항에 대한 대책은 소식이 없다. 조세저항에 대한 대책 없이 세금만 올리면 엄청난 문제가 일어날 우려가 있다. 이에 대처하려면 납세자들에게 세금이 어떻게 쓰이는지를 잘 설명하여 재산세 증수에 저항하는 사람들의 사회적 명분을 사전에 차단할 필요가 있다.

우리나라 현실을 보면 이른바 부자들의 엄청난 과소비가 세상의 빈축을 사는 경우가 많다. 이것은 한국 부유층의 일반적 특성으로 지적되기도 한다. 불우한 사람들에게 쓰기 위한 재원의 확보책으로 부자로부터 재산세를 많이 거두는 정책이 사회적 공감대를 얻을 수 있는 이유가 여기 있다.

증수된 재산세를 가난한 사람들에 대한 생활보호용으로만 쓰도록 목적세화 할 필요가 있다고 주장했던 이유도 그런 점을 염두에 둔 것이다. 그런데 이런 취지와는 상반된 현상이 일부 지방자치단체에서 벌어지고 있다. 실제로 일부 지자체에서는 늘어난 재산세를 기회로 예산을 낭비하는 경향이 나타나고 있다. 경기도에서 방만한 홍보 예산을 편성했다는 게 좋은 예이다. 재산세가 대폭 늘어나면 우선 그 돈을 가난한 사람들을 위한 생활안정 기금으로 쓰면 납세자들의 불만을 누그러뜨릴 수 있을 터인데도 그렇지 않다는 것이 문제다.

이를 막기 위해서는 우선 재산세 증수액을 가난한 사람들의 생활안정 기금으로만 쓰도록 지방 재정 제도를 개혁할 필요가 있다. 그 하나의 방법은 현재 지방세로 거두고 있는 재산세를 국세로 전환하여 증수된 재산세를 재원으로 해 그것을 전국 저소득층들에게 골고루 혜택이 돌아갈 수 있도록 세제를 바꾸어야 한다. 그러지 않으면 지방세수의 부익부빈익빈 현상이 심화되어 가난한 지방에 사는 사람에게는 혜택이 돌아가지 않을 우려가 있을 뿐 아니라 증수된 재산세가 불요불급한 데로 낭비될 소지마저 있다.

현재 지방세로 되어 있는 재산세를 국세로 바꾸면 지방의 자율성을 해친다고 반발할지도 모른다. 지방정부의 자립성을 높여주는 것이 주요 국정 과제의 하나인데 여기에 역행한다는 것이다. 그러나 잘 사는 지방은 더욱 부자가 되고 가난한 지방은 더욱 가난해지도록 방치해서는 안 된다. 이런 정책 때문에 수도권과 일부 지방으로 인구가 집중하는 현상이 가속되어 왔고 이것이 심각한 사회 문제를 일으키는 온상이 되어 왔다는 점을 심각하게 인식해야 한다.

지방 경제의 위축과 과도한 수도권 집중 현상은 우리 사회에 중대한 모순을 증폭시켜 왔다. 역대 정부는 그 시정을 약속했지만 구두선에 그친 것이 현실이다. 지금 심각성을 더해가는 청장년층 실업문제는 물론 지방 경제와 지방 교육기관의 붕괴 현상도 과도한 수도권 집중이 가져온 모순이다. 이런 모순을 해결하는 일은 결코 지방 정부의 힘으로 해결할 수 있는 문제가 아니다.

재산세 문제를 비롯한 세제 개혁뿐만 아니라 중앙 정부의 재정 구조를 개혁하는 일도 물론 중요하다. 오히려 이것이 더 시급한 일일지도 모른다. 그 가운데서도 6·15공동선언 이후 더욱 절실해진 국방 예산의 대폭 조정과 미군 주둔 지원금 문제, 이라크 파병비용 부담 문제 등은 아주 중요한 과제들이다. 그러나 지방재정제도의 개혁도 더는 미룰 수 없는 중요한 과제라는 걸 지적하고 싶다.

(『한겨레신문』 2004년 2월 6일)

4

개성공단에
나무를 심는 감격

개성공단에 나무를 심는 감격

남녘에서 북녘의 개성공단으로 들어갈 때 느끼는 감격은 가 본 사람이 아니면 형용하기 어렵다. 다만 이 때 그 감격과는 대조적으로 우리의 가슴을 아프게 하는 것은 주변 야산에 나무가 거의 없다는 것을 발견할 때다.

남녘에서도 8 · 15해방과 한국동란을 겪으면서 한때 산이 까까중처럼 헐벗었던 때가 있었다. 남녘의 산이 지금처럼 그런대로 나무가 울창하게 가꾸어진 것은 무연탄과 가스의 공급으로 산의 나무를 베어다 때지 않았기 때문이다. 북녘은 이것과 대조적으로 80년대 말 소위 '고난의 행군' 시절에 땔감이 없어 추위를 면하려고 마구 산의 나무를 베어 땔감으로 썼다.

이 때문에 산에 나무가 거의 보이지 않는 상황이 닥쳤다. 따지고 보면 북녘의 산이 헐벗게 된 것은 남북대결 상황 아래 대외적 경제관계가 단절되어 에너지원을 제대로 확보하지 못했기 때문이다. 지금 진행되고 있는 6자회담이 좋은 결실을 맺어 한반도에 평화가 정착되면 북녘 사람들이 산의 나무를 베어다 땔 필요가 없어질 수 있을 것이다.

이런 날이 하루 속히 올 것을 기대해 마지않지만 그때까지 멍하게 기다리고만 있을 수는 없는 노릇이다. 특히 개성공단은 남북 평화와 공존의 상징이 아니던가. 그 주변에 나무를 심기 위해 개성공단을 직접 가보면 남북의 화해와 협력 그리고 평화의 디딤돌이 된 2000년의 6·15남북공동선언이 우리에게 얼마나 소중한 것이었나를 직접 확인할 수 있다. 자라는 청소년에게는 이런 현장학습의 체험이 더욱 절실하다.

사단법인 민족화합운동연합(민화련)에서는 개성공단을 관장하는 북측 민경련 산하 중앙경제특구 개발총국 측과 공동으로 '청소년 평화통일 숲 가꾸기 사업'을 작년 봄과 가을 그리고 금년 봄 등 3차에 걸쳐 실시하고 있다. 그것은 바로 위와 같은 취지에서다.

남녘의 일부 사람들은 북측이 핵무기를 포기하지 않는 한 개성공단과 금강산관광사업 등 일체의 대북 협력 사업을 그만두라고 목소리를 높여왔다. 그러나 군사정치 문제와 우리 민족의 생존과 직결된 경제 문제는 반드시 분리해야만 한다. 개성공단에서 북측 근로자들이 열심히 일하는 것을 자기 눈으로 직접 보면, 6·15공동선언이 디딤돌을 놓은 남북 간의 경제협력이 우리 민족에게 얼마나 소중한가를 몸소 깨달을 수 있다.

2007년 5월 17일이면 남북을 잇는 철도가 개성공단을 통과하여 시험 운행에 들어간다. 우리가 꿈에도 소원했던 일이 현실로 다가오고 있다. 이런 날이 올 것을 예견하지 못하고 개성공단을 걷어치우라고 야단법석을 떨었던 일부 몰지각한 사람들이 과연 우리나라 사람인가라고 묻고 싶은 심정이다.

개성공단 나무심기 사업을 실시하는 과정에서 알게 된 일은 북녘의 소나무들이 송충이 피해로 말라죽는 일 때문에 몸살을 앓고 있다는 것이다. 나무심기 사업에 앞장선 (사)민화련에서는 우선 급한 대로 송충이 구제용 약재를 일부 지원했지만 턱없이 부족하다고 한다. 앞으로 (사)민화련에서는 송충이 구제를 위한 모금운동을 벌여나

갈 계획을 세워놓고 있다.

북녘의 나무는 훗날 남북이 통일되면 우리 남녘의 사람에게도 소중한 자원이다. 누구의 것이든지 간에 헐벗은 산을 푸르게 하는 일 그 자체에 큰 의미를 부여할 수 있다. 그것이 우리 남북 민족의 동질성을 확인하는 자리가 되고, 6·15공동선언이 제시한 남북의 평화통일을 촉진하는 촉매제가 되고 남북의 경제협력이 가져다줄 공동 번영의 위력을 자기 눈으로 확인하는 기회가 되기에 더욱 큰 의미를 갖는다.

(『오마이뉴스』 2007년 5월 2일)

이회창씨가 평화를 논하려면

한나라당 이회창 대통령후보가 2002년 8월21일 밝힌 대북정책에 대해 재미 통일문제 평론가 이활웅 씨는 인터넷 매체 『통일뉴스』에 기고한 글을 통해 "남북문제의 본질을 제대로 파악한 것"이며 "높이 평가할 만하다"고 말했다. 또 한편으로 이활웅 씨는 이회창 씨가 남북한 긴장완화 우선 원칙을 내세우고 남북한 당사자 주도 원칙을 주장한데 대해 이는 남한의 대미 예속관계의 청산을 위한 처방이 포함되어 있지 않다는 점에서 "한낱 공염불로 끝날" 견해라고 비판하였다.

남의 견해를 비판할 때 전적으로 부정하는 것보다는 긍정적인 부분을 평가해 주고 찬성 못하는 부분만을 거론하는 것이 올바른 자세일 수도 있다. 이활웅 씨는 그런 입장에서 이회창 후보의 견해를 "높이 평가"했을 터다. 그러나 한낱 공염불로 끝날 견해를 높이 평가한다는 것 자체가 모순이다. 이렇게 앞뒤가 안 맞는 견해라면 차라리 아무 말 하지 않고 있는 것이 온당한 일이다.

이회창 씨가 이번 견해 발표를 하게 된 동기는 그가 여러 방면에서 반통일적 호전세력이라고 비난받고 있는 처지를 모면해 보려는 것이라는 점은 누구나 다 아는 일이다. 그래야만 다가오는 대선에서 표를 많이 얻을 수 있다는 계산이다.

그러나 그런 기도는 결코 성공할 수 없다고 본다. 왜냐하면 그는

6·15 남북공동선언 특히 제2항을 절대로 받아들일 수 없음을 분명히 했기 때문이다. 그럼으로써 그는 스스로 반통일적 호전세력임을 만천하에 천명한 꼴이 됐다.

한반도에 삶을 기탁하고 사는 사람치고 평화를 원하지 않는 사람은 없다. 그래서 한국에서 표를 얻어 대통령에 당선되려면 무엇보다 그가 평화를 사랑한다는 것을 입증해 보여야만 한다. 이 때문에 그는 우선 자기도 평화의 사도임을 인정받으려고 애쓰고 있다. 이번에 그가 평화에 관한 견해를 발표한 것도 평화애호주의자임을 보여주기 위한 것이었다. 그러나 한반도에서 평화를 논하려면 무엇보다 먼저 6·15선언을 인정하지 않으면 안 된다. 한반도 문제에 관해 6·15선언을 인정하지 않은 사람은 평화를 논할 자격이 없다고 해도 결코 과언이 아니다. 6·15선언을 부정하면서 평화를 원한다고 말하는 사람은 가짜임이 분명하다. 그런 의미에서 이회창 씨도 '가짜 평화주의자' 임을 자인한 꼴이다.

그는 남북 간의 군사적 신뢰 구축이 선결이라고 주장하고 있다. 그의 말대로라면 현재 남북 간의 군사적 신뢰 구축이 안 되었기 때문에 남북 간에 경제협력은 물론이고 남북통일 축구경기, 부산 아시안게임 등 모든 일을 그만두어야 한다는 결론이 나올 수밖에 없다. 이런 허무맹랑한 견해에 관해 재미 전문가로 자처하는 이활웅 씨는 다음과 같이 말하고 있다. "(이회창 씨의 견해가) 군사 문제는 일단 비껴가면서 인적·물적 교류부터 실시하면 남북 대결관계도 풀리게 될 것이라고 기대했던 김대중 정부의 실책을 반복하지 않겠다는 뜻으로 이해되며, 남북문제의 본질을 제대로 파악한 것이라 할 수 있다."

도대체 남북의 평화로운 교류 협력과 군사적 신뢰 구축을 병행하지 않고 어떻게 남북대결 상태를 해소할 수 있단 말인가. 이런 초

보적인 상식조차 파악하지 못한 분이 군사적 신뢰 구축이 선결 과제라고 본 이회창씨의 견해를 "본질을 제대로 파악했다" 고 평가한 것을 보고 실로 한심하다는 생각이 앞선다.

이회창 씨는 아들 둘을 모조리 군대에 안 보낸다거나 앞뒤가 맞지 않는 한반도 평화전략을 내놓으면서 평화주의자로 자처하는 모습을 보일 것이 아니라 지금 당장 해야 할 일부터 해야 한다. 이회창 씨와 한나라당이 평화의 사도임을 입증하고 싶다면 국회에서 쓸데없는 일로 정쟁을 일삼아 국민을 불안과 빈축으로 몰아넣는 일을 그만두고 우선 국회에서 민족의 사활이 걸린 남북문제에 관해 6·15공동선언을 초당적으로 인정해야 한다. 아울러 유엔에 대해 하루 속히 반세기 이상 지속된 비정상적인 '정전협정' 을 '평화협정' 으로 바꾸어줄 것을 호소하는 결의안을 통과시켜야 한다. 그것 없이는 한나라당과 이회창 후보는 평화를 논할 자격이 없다.

(『통일뉴스』 2002년 8월 31일)

동북아 평화를 위한 남북과 일본의 비핵·중립화

저는 영세중립화협의회 창립대회에서 임시의장직을 맡았습니다. 그런 입장에서 본 협회의 발전에 대해 남다른 열의를 간직하고 있습니다. 그런 열의의 일환으로 저의 소견을 말씀드리겠습니다.

북한의 핵실험이 동북아 평화안보 체제의 돌파구를 열게 된 아이러니

6자회담을 통한 일련의 합의에서 북핵 시설 불능화 조치의 진전을 전제로 한반도의 평화 체제 구축과 동북아 평화 안보 체제 구상을 6자회담 틀 안에서 논의하기로 합의하였습니다. 이것은 분명 1952년 한반도 휴전협정 성립 이후 55년이나 고착되어온 정치군사적 안보 정세에 일대 변화를 예고하는 대사변이라고 할 수 있습니다.

남북한과 미국은 휴전선이라는 화약고를 안고 대립하면서 세계사에 유례를 찾아볼 수 없을 만큼 반세기 넘게 막대한 군사력을 전진 배치함으로써 남북 민족을 둘로 갈라놓은 채 우리 민족에게 이루 말할 수 없는 심각한 고통을 강요해왔습니다. 많은 사람들이 결코 쉽지 않으리라고 거의 체념하다시피 해 온 해묵은 한반도의 정치군사적 대치상태를 끝장내기 위한 협상이 북핵 문제 해결을 위한 6자회담에서 돌파구를 마련했습니다. 실로 중대한 사변이라고 하지 않을 수 없습니다. 한반도 평화를 위한 발걸음을 평화와 역행하는 북한의 핵실험이 물꼬를 튼 아이러니입니다.

오랫동안 미국은 북한이 핵을 포기하기 전에는 일체의 대화를 하지 않겠다고 고집하면서 북한체제의 전복을 겨냥한 핵공격을 포함한 작전 계획마저 작성해 놓고 있었습니다. 근년에 와서 밝혀진 바 있지만, 1994년 제네바에서 성사된 북핵 문제 해결을 위한 북미 간 합의에 따른 북한 핵개발 포기 시 전력 손실 보상을 위한 경수로 건설 약속도 10년 이내에 북한 체제가 붕괴하리라는 예측을 바탕으로 한 것이었다고 전해지고 있습니다. 북한의 경수로 건설은 한국 정부가 그 비용의 대부분을 쏟아 부은 상태에서 시일만 질질 끌다가 끝내 무산되고 말았습니다.

부시 미국 행정부는 내년 임기 만료를 앞두고 뒤늦게나마 북한을 힘으로 밀어붙여 붕괴시킬 수 없음을 깨닫고 북핵 문제를 협상을 통해 해결하는 방향으로 방침을 틀은 것으로 알려져 있습니다. 그 결과 북핵 문제의 숨통이 트이기 시작하고 6자회담에서 한반도의 평화 안보 체제를 논의하기 위한 별도의 포럼 설치에 합의한 것입니다. 미국은 1994년의 제네바 합의로 북핵 문제를 해결할 가능성이 있었음에도 불구하고 부시 대통령 정부 아래서 13년이나 질질 끌다가 임기 만료를 앞두고 다시 클린턴 전 미국대통령이 깔아놓은 궤도로 돌아온 것입니다.

클린턴 전 대통령도 임기 초반에는 대북 초강경책으로 치닫다가 대북 강경책의 비현실성을 인식하고 임기 말을 앞두고 국교 정상화를 위한 북미 정상회담까지 거론하다가 끝내 이를 실행에 옮기지 못하고 임기를 마쳤습니다. 클린턴 미국 행정부 말기의 울브라이트 국무장관은 부시 대통령에게 클린턴 정부의 대북정책을 꼭 계승하도록 권고했다고 하지만 부시 대통령은 그 반대 방향으로 치고 나갔습니다. 그 때에도 일부 관측통들은 부시 대통령의 임기 말에는 전임자인 클린턴 때와 마찬가지로 대북협상 노선으로 되돌아올 것이라고 보았던 사람들이 있었지만, 이런 관측이 그대로 들어맞은 꼴이 되고 말았습니다.

다가오는 대통령 선거의 중요성
대북 화해냐 대북 적대냐

부시 미국 대통령의 대북 강경정책으로 9년이라는 긴장된 세월이 흐르는 동안 한반도에 생을 기탁하면서 살아온 한국 민족은 이루 말할 수 없는 고통을 면치 못했습니다. 이제 뒤늦게나마 한국 민족이 애타게 바라마지 않는 한반도의 영구적인 평화안보 체제 수립을 위한 협상에 남한의 실질적 지배자인 미국이 전향적으로 나설 뜻을 표명하였으니, 그 과정이야 어찌 되었건 매우 환영할만한 사태 진전이라고 하겠습니다. 관측통들은 내년으로 다가온 미국 대통령 선거의 일정으로 볼 때, 내년 5월 이전까지는 북핵 문제 해결과 북미 국교정상화에 가시적인 성과를 낸 후에 대통령 선거에 임하고 싶다는 것이 부시 대통령 측의 속셈이라고 보고 있습니다.

이런 판국에 급변하는 국제정세의 변화에는 아랑곳 하지 않고, 구태의연한 대북 적대시 정책에 매달린 채 북핵 폐기 이전에는 일체의 대북 대화나 경제 협력을 거부해야한다고 억지를 부리는 한국 내의 수구 강경파들의 시대착오적 언동이 극성을 부리고 있습니다. 심지어 이회창 전 총재나 이명박 한나라당 대선 후보 같은 이는 금년 말의 대선이 '친북 좌파'에 대한 '보수 우익'의 결전장이라고 말한

바 있습니다.

이에 대해 일부 언론들은 그래서는 안 된다고 훈수하고 있지만 그것은 어디까지나 희망적 요망 이상의 것은 되지 못할 것입니다. 이들은 북한을 불구대천의 원수로 보면서 언제나 '한판 붙는 것' 이외에는 다른 생각을 하지 못하는 습성을 간직하고 있습니다. 이들에게는 북한과의 공존공영을 위한 협상 따위가 모두 '친북좌파'로 보일 따름입니다. 그런 습성으로 미루어볼 때, 이들이 만일 집권하면 대북 협력정책을 파기하고 그 기초가 되었던 6·15공동선언마저 휴지조각으로 만들 위험성이 있습니다.

심지어 미국이 자기 필요에 따라 대북협상으로 나아갈 때 여기에 걸림돌을 놓는 행동을 서슴지 않을 지도 모릅니다. 52년에 한반도에서 휴전협정이 조인 된 연후에도 수구세력들이 이를 파기하도록 압력을 가했고 이것이 남북 간의 적대적 관계에 기름을 부어넣은 전례가 있습니다. 다가오는 대선이 한반도 평화정착이라는 관점에서 중대한 의미를 갖는 이유가 여기에 있습니다.

남북 대표자 연석회의를 통한 남북기본합의서의 재확인 문제

2007년 10월 2일부터 평양에서 열리는 남북정상회담은 한반도 평화정착의 관점에서 중대한 의미를 갖습니다. 이 회담에 대해 일부에서는 북의 핵무기 폐기를 전제로 하지 않은 회담이고 다가오는 대선에 영향을 주기 때문에 반대한다는 입장을 취하고 있습니다. 이런 주장은 초당적으로 대처해야 국가 운명이 걸려있는 중대사를 당리당략적 입장에서만 바라보는 것으로서 비판받아 마땅합니다. 또한 북이 핵 폐기를 약속하지 않았기 때문에 남북정상이 만나는 것은 북한의 핵무기를 용인한 것이라는 비판도 번지수를 잘못 잡은 것입니다. 북한 핵문제는 근원적으로 현재 진행되고 있는 6자회담의 몫입니다. 남북정상회담은 6자회담을 측면 지원하는 역할을 할 수도 있습니다. 이런 상황에서 이런 저런 이유를 들어 남북정상회담에 반대하는 것은 남북 간의 평화정착과 화해협력을 바라지 않기 때문이라는 인상을 지울 수가 없습니다. 또 실제로 그런 속셈에서 반대하는 세력이 많습니다.

일부의 반대가 있더라도 남북정상이 서로 만나 민족의 장래와 평화통일 방안에 대해 논의하는 것은 한반도의 평화와 민족의 번영을 위해 크게 환영해야 할 일입니다. 우리 민족의 운명은 우리 스스로 개척해 나가야 합니다. 외세에게 우리 민족의 운명을 내맡긴 구한말의 전철을 결코 되풀이하지 말아야 합니다.

10월 2일부터 평양에서 열리는 남북정상회담에서는 북핵 문제가 중심과제가 될 수 없습니다. 그것은 6자회담의 몫이기 때문입니다. 또한 정전협정을 평화협정으로 바꾸는 문제도 논의할 수는 있어도 원래 남북한과 미국 및 중국 등 4개국이 그 당사국들이므로 남북정상 사이에서 결론을 내릴 사안이 못 됩니다. 남북정상은 다만 정전협정을 평화협정으로 바꿀 필요성이 절박하다는 점을 강조하면서 미국과 중국에 대해 이를 위한 협상에서 결실을 보도록 촉구할 수 있을 따름입니다. 이 문제가 한반도 평화정착을 제약하는 가장 절박한 문제로 되어있기 때문입니다.

이번 남북정상회담에서는 북한이 6자회담에서 약속한 대로 핵시설에 대한 불능화를 진전시키고 있는 상황이기 때문에 북핵 문제는 6자회담의 몫으로 치부하고, 6·15공동선언의 이행을 위한 보다 구체적인 문제들에 집중하게 될 것으로 전망됩니다. 분단으로 말미암은 남북 민중의 아픔을 치유하기 위한 제도적 장치 예컨대 이산가족 상봉의 규모 확대 문제와 남북 간의 군사적 신뢰 구축을 보다 확고히 하기 위한 예컨대 서해의 북방한계선NLL 문제를 극복하기 위한 평화지대 설정 문제 등이 심도 있게 논의될 것입니다.

이번 남북정상회담은 2000년의 제1차 남북정상회담에서 합의한 6·15공동선언 그 연장선상에서 열리는 것이므로 당면한 경제협력 방안은 물론 남북통일의 방법과 수순에 관해서 심도 있는 협의가 있을 것입니다. 내년은 1948년 김구 선생 등 남측의 민족 지도자들이 평양을 방문하여 북측 김일성 주석 등과 가졌던 '남북 제정당 사회단체 대표자연석회의' (약칭 남북 대표자 연석회의)가 60주년이 되는 해입니다.

따라서 6·15공동선언의 정신을 되살리고 민족대단결을 이룩하는 방법으로 북측이 남북 제정당 사회단체 대표자연석회의 60주년 회의를 평양의 같은 장소에서 개최하는 문제를 제기할 가능성이 농후합니다. 남측에서는 금년 8월 29일 독립운동 유가족회, 평화통일을 위한 국회의원 시민단체 협의회, 민족화합운동연합, 중립화연구소 등에 소속된 인사들이 개인 자격으로 모여 다가오는 남북정상회담에서 내년 4월 말경에 '남북 대표자 연석회의 60주년 기념행사' 를 평양의 같은 장소에서 개최할 것을 남북정상이 합의해 줄 것을 촉구하는 성명서를 채택하였습니다.

그리고 금년 11월경에 서울에서 '48년 남북 대표자 연석회의의 역사적 의의' 라는 제목의 남북공동학술회의를 개최할 것을 북측에 제의하였습니다. 이런 흐름에 기초하여 6자회담의 진전을 전제로 2008년 봄, 남북대표자연석회의 60주년 기념행사에서 1992년에 이미 남북 간에 합의된 '남북사이의 화해와 불가침 및 교류협력에 관한 합의서'(남북기본합의서)에 관해 남북이 정식 비준서를 교환하는 데 합의한다면 6자회담을 측면적으로 지원하는데 큰 힘이 될 것입니다.

남북한 비핵지대화 선언의 전제 조건들

1) 남북 비핵화선언의 전제 조건 : 한반도 안보 체제의 확립

남과 북은 1992년 '남북기본합의서'에 입각하여 그 후속조치로써 '남북한 비핵화선언'에 합의한바 있습니다. 그러나 이 선언은 그 후 남북 및 북미 사이의 군사적 대결이 격화되어 사실상 실효를 거두지 못 하고 말았습니다. 6자회담이 진전되면 당연히 남북한 비핵화선언을 되살리는 문제가 부상하게 될 것입니다. 금년 10월 2일부터 열리는 남북정상회담에서도 6자회담을 겨냥하면서 이 문제가 탁상에 올라올 것입니다. 북한으로서는 핵무기 포기가 '김일성 주석의 유훈'이고 국책이라고 말해온 이상 핵무기를 실제로 포기한다면 그 후속조치로써 한반도의 안전보장 장치를 확고하게 하는 문제를 당연히 요구하게 될 것입니다. 그것이 북한 핵무기 포기의 대전제가 될 것입니다.

2) 주한미군의 철수 내지 지위 변화

북한의 입장에서 볼 때 반세기 이상 지속된 주한미군의 철수 아니면 그 지위 변화를 핵을 포기하는 데 대한 대응 조치로서 강력히 요구할 것으로 보입니다. 한반도의 안보 정세에 지각 변동을 수반하지 않는 상태에서 북한이 핵을 포기할 것이라고 기대한다면 그것은 허황된 기대입니다. 그런 뜻에서 6자회담의 성공은 한반도 안보 정세의 지각 변동을 전제하지 않고서는 결코 기대할 수 없습니다.

부시 미국대통령도 이 점을 모를 리가 없습니다. 금년 9월 1일 국내외 보도에 따르면 부시 미 대통령은 북핵 문제 해결을 전제로 한 북미간의 국교정상화 문제에 관해 되도록 조속한 시일 안에 북측과 타협할 용의가 있다는 것을 강력하게 표명했습니다.

3) 한반도 안전보장 체제와 평화통일을 위한 일괄타결 보장

이에 대해 북한은 핵을 포기하는 대가로서 체제 보장 약속이나 경제 지원과 국교정상화 등을 넘어서 한반도 분단체제를 극복하기 위한 확실한 로드맵에 대한 보장을 미국에 강력하게 요구하여 관철시키려고 할 것입니다. 그 로드맵의 궁극적 목표는 두말할 것도 없이 한반도에서 미국 핵우산의 제거와 주한미군의 철수, 아니면 최소한 주한미군의 지위와 역할의 국제화를 통한 확실한 안전보장 체제의 수립 및 남북의 평화적 통일을 보장하는 로드맵에 대한 미국의 지원 등 여러 문제들을 일괄타결 형식으로 해결하자는 내용일 것입니다.

4) 한반도와 일본에서의 비핵 3원칙 관철과 강대국들의 핵무기 폐기 실현 요구

이런 일괄타결 해결 방식에서 가장 큰 걸림돌로 생각되는 것이 있습니다. 그것은 바로 바다 건너 일본으로부터의 미국 핵우산의 제거 문제일 것입니다. 주지하는 바와 같이 역사적으로 한반도는 일본으로부터 끊임없는 침략과 식민지화라는 쓰라린 과거를 가지고 있

습니다. 그렇기에 한반도의 안보 문제는 일본의 향배를 떠나서는 생각조차 할 수 없습니다. 그런데 지금 일본은 강고한 미일동맹 아래 미국의 핵우산에 포섭되어 있으며 미국의 종용 아래 세계 제4의 막강한 군사력을 갖추고 있습니다.

일본 현지에 가 보면 미일 동맹체제가 일본 안에 얼마나 막강한 군사력을 배치해 놓고 있는지를 실감할 수 있습니다. 북한은 핵을 포기하면 미일 군사동맹 앞에 알몸으로 대처하는 신세가 된다고 생각할 것입니다. 그것은 남한도 심각하게 고려해야 할 요인입니다. 남한으로서는 구한말의 '태프트 – 가쓰라 밀약'의 악몽을 잊을 수가 없기 때문입니다.

이런 요인들을 생각할 때 북한은 핵 포기의 전제 조건으로 한반도와 일본을 포함한 동북아의 안전보장에 대한 확실한 국제적 보장을 요구함과 아울러 한반도와 일본에서의 비핵 3원칙의 실현을 강력히 요구하여 관철시키려고 할 것입니다. 그와 동시에 동북아 3국 더 나아가 미국 중국 러시아 등 주변 강대국들의 핵무기 감축 내지 폐기를 위한 확실한 로드맵에 대한 국제적 합의를 요구할 전망입니다. 반인류적인 핵무기 폐기를 실현하는 문제에 대해서는 강대국들 사이에 핵무기비확산조약NPT에서 약속이 이루어져 있음에도 불구하고 지금껏 전혀 성의를 보이지 않고 있습니다. 이런 불공정한 처사에 대해 북한은 세계의 대다수 인민의 염원을 담아, 6자회담을 통해 핵무기 감축 내지 폐지에 대한 강대국들의 약속을 받아내려고 압박할 것입니다.

그와 동시에 핵무기 감축 내지 폐지의 전단계로써 한반도와 일본에서 비핵 3원칙(핵무기 제조금지, 비축금지, 반입금지)을 법제화함으로써 이를 확실하게 보장받으려고 할 것입니다. 제2차 세계대전 말에

히로시마와 나가사키에서 참혹한 원자탄 피해를 경험한 일본에서는 비핵 3원칙이 국책의 수준으로 거의 모든 국민의 공감대를 확보하고 있습니다. 하지만 미군의 핵무기는 끊임없이 일본을 드나들고 있으며 일본 정부도 위반사태를 알고도 모른 척하고 있는 실정입니다.

저는 금년 5월 서울에서 반전 평화 세계대회가 열렸을 때 원수폭탄 금지를 외치는 일본인 참가자들에게 그런 궁극적인 목적 달성을 외치기 전에 우선 일본 국민이 다 같이 비핵 3원칙의 '법제화'부터 실현하는 운동이 보다 효과적이라는 점을 지적한 바 있습니다. 지난 8월 8일에는 원수폭금지 세계대회 – 나가사키 개회식 한국 대표 발언을 통해서도 이 점을 특별히 강조했습니다. 여기에 자극받았는지 세계대회 폐회식에서 나가사키 시장이 우선 비핵 3원칙의 법제화를 요구하는 운동에 앞장서겠다고 선언했습니다. 한반도의 비핵화를 위해서는 일본에서와 같이 우선 비핵 3원칙의 법제화가 필요합니다. 이런 점에서 북한은 비핵 3원칙의 실현과 보장을 북핵 포기의 조건으로 남북한과 그 이웃인 일본에게 강력하게 요구하면서 이에 대한 미국의 확고한 약속을 요구할 것으로 보입니다.

한반도와 일본의 비핵–비동맹–중립화

모든 협상들은 궁극적으로 한반도와 일본을 포함하는 동북아 안보 체제의 일환으로서 매우 중요한 것들입니다. 그러나 한반도와 일본이 어떤 특정국가에 치우쳐있고 그 나라와 군사동맹을 맺고 있다면 이해관계가 대립되는 다른 경쟁국이 이를 묵인하지 않을 것입니다. 한반도는 지정학적으로 강대국의 이해관계가 첨예하게 대립되는 역사를 경험해 왔습니다.

따라서 주변의 강대국들은 역사적으로 화약고의 역할을 해온 한반도를 비동맹 중립화 하는 것에 이해 관계를 공유할 가능성이 충분히 있습니다. 간종일 박사의 일련의 연구들은 그 가능성을 실증적으로 보여주고 있습니다.

일본 역시 주변 강대국과의 마찰을 피하면서 평화국가로 남아있는 것이 자국의 안보를 확고히 하는 길입니다. 일본의 국익과 안전보장의 관점에서도 미일동맹에 얽매여 중국대륙과 대립 관계를 형성하고 있는 현재의 판도보다는 모든 나라와 친선 관계를 맺은 가운데 비동맹 중립국을 확고히 선언하면서 이를 국제적으로 확실하게 보장받는 것이 그들의 안보를 위해 훨씬 유리할 수도 있습니다. 미국이 패권을 추구하는 종전의 정책을 수정하여 평화 애호 국가의 방향을 취하려고 한다면 이것은 미국의 국익을 위해서도 오히려 바람직한 선택일 수 있습니다.

이렇게 본다면, 일본의 비동맹 중립화도 실현 가능성이 있다고 하겠습니다. 그렇기 때문에 6자회담의 협상 과정에서 북한은 핵시설 불능화와 핵폭탄 포기의 조건으로 남북한과 일본의 비핵－비동맹－중립화를 강력히 요구하고 나설 개연성이 크다고 하겠습니다. 이런 북한의 요구에 대해 주변 강대국들의 이해관계가 의외로 쉽게 맞아떨어질 가능성은 매우 크다는 것이 저의 판단입니다. 그리고 그것이 한반도와 일본의 안전보장과 평화와 공존공영을 가져오는 지름길이 될 것입니다.

(한반도 중립화 협의회 토론회 기조강연 2007년 9월 1일)

03

사람중심의 위대한 대한민국을 창조하자

2007년의 시대 정신

사람중심의 위대한 대한민국 건설

12월 대통령 선거를 앞둔 2007년 현재, 대한민국의 시대 정신은 무엇일까? 1987년의 시대 정신은 민주화였고, 1997년의 시대 정신은 경제위기의 극복이었다. 이러한 시대 정신이 지배해 온 지난 20년 동안 정치적 민주화와 경제적 글로벌화가 크게 진전되었다. 1987년 민주화 이후 20년, 또한 1997년 외환위기 이후 10년인 2007년 현재 우리 국민에게는 그동안 진전된 민주화와 세계화의 빛과 그림자를 깊이 성찰하면서 대한민국을 보다 품격 높은 나라로 새롭게 창조해야 할 역사적 과제가 주어져 있다. 이런 점에서 2007년의 시대 정신은 '사람중심의 위대한 대한민국Great Korea 건설' 이 아닐까 한다.

대한민국의 품격은 사람 중심의 지속가능한 공동체사회

GDP 규모로 세계 11위에 올라선 대한민국의 대다수 국민들은 대외적으로 좀더 '떳떳한 나라' 가 되기를 바라고 있다. 글로벌 500대 기업, 100대 대학 등 각 분야에서 세계 최고가 되려는 열망이 강렬하고, 국제 사회에서 우리나라의 목소리를 높이려는 욕구가 강하다. 다른 한편 비정규직 비중이 50%에 달하고, 상당 부분이 사실상 실업자라고 볼 수 있는 자영업자의 비중이 35%에 달하는 현실에서 국민들은 '떳떳한 일자리' 를 절실히 원하고 있다. 국민 대중은 떳떳한 나라를 바라는 애국주의와 떳떳한 일자리를 원하는 실리주의 모두를 지향하고 있다. 이러한 대다수 국민의 희망을 실현시켜 주는 비전이 곧 '사람중심의 위대한 대한민국'이다.

'떳떳한 나라'를 꿈꾸는 코리언

'사람중심의 위대한 대한민국'이 지향하는 가치는 자율autonomy, 연대solidarity, 생태ecology가 되어야 한다. 자율은 사람의 자기 결정과 자치의 원리를 의미한다. 연대는 사람이 다른 사람과 더불어 함께 살아가는 공동체의 실현을 뜻한다. 생태는 사람과 자연의 공생을 통한 지속 가능한 발전의 구현을 말한다. 이러한 자율, 연대, 생태의 가치가 실현되는 사람중심의 지속 가능한 공동체사회에 기반을 둔 나라가 진정으로 위대한 나라라 할 수 있다. '사람중심의 위대한 대한민국'에서 위대함의 원천은 무엇일까? 그것은 이러한 3대 가치를 지향하는 가운데 실현되는 통일 한국, 분권 한국, 강한 한국, 멋진 한국 등 4대 요소에서 찾을 수 있을 것이다.

해양과 대륙 지향을 통합하는 통일 한국

먼저 통일 한국은 '사람중심의 위대한 대한민국'이 되기 위한 가장 주요한 전제조건이다. 남북분단은 위대한 대한민국 실현을 가로막고 있는 가장 큰 장애 요인이다. 분단국가로서는 지정학적 측면에서나 사회경제적 측면에서나 세계 속에서 떳떳하고 당당한 위대한 한국이 될 수 없다. 남북통일이 되어야 해양 지향과 대륙 지향이 결합되어 해양과 대륙 두 축으로 글로벌 지향을 원활히 할 수 있다.

남북이 통일되어야 한반도의 7,000만 한국인과 700만 해외 코리언들 간의 글로벌 인적자원개발Global HRD 네트워크를 온전하게 구축할 수 있고 이를 통해 지식기반 경제 시대에 대한민국이 지구촌 전체에 미치는 호혜적 글로벌 경영을 도모할 수 있다. 통일이 위대한 대한민국으로 연결되기 위해서는 평화체제 아래 형성되는 한반도 경제공동체가 남북한 간 상생 발전을 가져오고, 이를 통해 두 개의 한국간의 엄청난 경제력 격차를 줄여 나가야 한다.

외유내강의 다문화 분권 한국

다음으로 분권 한국은 지방의 역량을 강화하여 대한민국을 위대한 국가로 새롭게 창조할 수 있는 결정적인 계기가 될 것이다. 지방분권은 중앙 정부로부터 지방 정부로의 권한이양, 수도권에서 지방으로의 자원 분산이란 두 과정을 포함한다. 이러한 지방분권은 세계적으로 그 유례를 찾기 어려운 '중앙집권-수도권 일극 발전체제'를 '지방분권-다극 발전체제'로 전환시키는 국가 경영 패러다임의 변화를 통해 국가와 지방을 재창조하여 대한민국 제2의 도약의 길을 열 수 있을 것이다. '지방에 결정권을, 지방에 세원을, 지방에 인재를, 지방에 일자리를' 지향하는 지방분권이 지역 혁신 및 주민자치와 결합될 때 발전 잠재력을 지역 내부에 갖추는 내생적 발전을 실현할 수가 있다. 지방분권 체제에서 세계적 경쟁력을 갖춘 글로벌 지향의 지역혁신 체제가 지역 권역별로 구축될 때 지방분권은 '사람중심의 위대한 대한민국' 실현에 기여할 수 있을 것이다.

통일 한국이 대한민국의 외연적 확장, 분권 한국이 그 내포적 확장을 가능하게 한다면 강한 한국과 멋진 한국은 사회경제문화 시스템을 고도화하고 품격을 높임으로써 대한민국을 진정하게 위대하게 만드는 길이라 하겠다.

외국인 100만 명 시대가 되어 바야흐로 다문화 사회로 접어들고 있는 우리나라가 세계로부터 존경받는 멋진 나라가 되기 위해서는 다양한 외래문화에 대한 존중과 관용이 필수적이다. 이민에 기초한 다양성이 미국을 세계 최강국으로 만드는데 기여하였듯이 우리나라도 그러한 강국이 되려면 세계 각국의 인재들이 몰려들 수 있는 멋진 나라가 되어야 한다. 외국인 차별 정책을 없애고 해외 인재가 국내에 정주하도록 문화적 매력을 창출해야 한다. 특히 동아시아에서 온 외국인 노동자에 대한 정당한 인간적 대우는 한국의 동아시아 경영의 디딤돌이 될 것이다. 다른 한편 멋진 한국은 개방적이고 진취적이며, 다양성을 존중하는 성숙한 시민사회가 존재할 때 실현될 수 있다.

자연과 사람이 더불어, 지속가능한 강한 한국

강한 한국은 역동적이면서도 강건한 경제 시스템을 구축해야 만들어질 수 있다. 21세기 글로벌화와 지식기반 경제 시대에 이러한 강건한 경제 시스템은 세계로 향해 열린 사람중심 선진경제People-centered Advanced Economy를 건설해야 구축될 수 있을 것이다. 사람중심 선진경제는 창조경제creative economy, 협력경제cooperative economy, 청정경제clean economy로 구성된다.

창조경제는 사람의 창의성을 성장 동력으로 하는 경제이다. 지식기반 경제가 지속가능하려면 창조경제가 되어야 한다. 창의성은 문학적 상상력, 예술적 감수성, 철학적 성찰, 사회과학적 비판정신

등 인문 사회과학적 소양으로부터 비롯된다. 이러한 소양은 교육과 문화를 통해 함양되기 때문에 질 높은 교육과 수준 높은 문화가 있어야 창조경제가 실현될 수 있다. 사회의 개방성과 다양성은 창의성을 촉진하는 중요한 요소이다. 세계 각국으로부터 다양한 생각과 능력을 가진 창의성 있는 인재들이 한국에 모여들 수 있게 해야 한다. 대학과 연구기관에서 서로 다른 세계관, 가치관, 방법론을 가진 학문들 간에 경쟁과 협력이 이루어지는 학문적 다양성이 실현되어야 한다. 창조경제가 실현되려면 사람에 대한 직접투자를 획기적으로 강화해야 한다. 연구개발투자와 인적자원 개발투자가 균형이 취해진 사람 중심 지식기업이 다수 창출되어야 한다. 민주화란 이름으로 조직 구성원의 창의성을 억압하는 평균주의, 단순한 평등주의가 극복되어야 한다.

협력경제는 경제주체 사이의 협력을 통해 생산성이 향상되고 사회적 비용이 감소되는 경제이다. 따라서 협력경제에서는 '고효율－저비용'이 실현될 수 있다. 여기서 경제주체간 협력은 노사협력, 노사정간 협력, 대·중소기업 간 협력, 중소기업간 협력, 산학협력, 민관협력 등을 포함한다. 협력경제는 원자적 개인들 간의 경쟁이 이루어지는 자유시장경제liberal market economy가 아니라 경제주체들 간의 사회적 대화와 사회적 합의를 통해 운영되는 조정시장경제coordinated market economy에서 나타난다. 한국 경제의 경우 수도권－지방 간 협력과 남북한간의 협력이라는 차원이 더해진다. 이런 차원의 협력은 한국 경제에서 지역균형 발전과 남북통일에 기여할 것이다. 협력을 통한 상생은 사회 통합을 가능하게 한다. 협력경제는 현재 한국 경제의 가장 중요한 문제점 중의 하나인 양극화 성장을 극복하고 동반 성장을 달성할 수 있다.

따라서 협력경제는 지속가능 경제sustainable economy가 될 수 있다. 지식기반 경제에서 동반 성장이 이루어지려면 지식을 공유하는 지식네트워크를 최대한 확장하고 노동자들 간의 지식 격차를 줄이는 연대 지식 정책을 실시해야 한다. 협력경제에서는 경제주체들간의 파트너십에 기초한 거버넌스의 구축이 필수적이다.

청정경제는 청정에너지와 녹색기술green technology에 기초하여 성장하는 경제이다. 녹색기술은 태양력, 풍력, 연료전지 기술, 바이오매스 등과 같은 청정에너지 및 재생에너지를 포함하는 친환경적 자원을 활용하는 기술이다. 21세기 최대의 성장 동력으로 간주되고 있는 녹색기술에 기초하여 에너지 효율성을 높이는 녹색혁신green innovation은 환경과 경제를 동시에 살리는 길이 된다. 녹색기술의 개발은 경제성장, 일자리 창출, 국가경쟁력 강화, 삶의 질 향상이라는 '1석 4조' 의 효과를 가져 올 수 있다. 따라서 녹색기술에 대한 대대적 투자는 21세기에 지속가능한 발전을 담보할 수 있다. 청정에너지 및 재생에너지 비율이 매우 낮고 에너지 효율성이 아주 낮은 한국에서 녹색기술에 기초한 청정경제의 실현은 한국 경제의 제2의 도약의 토대가 될 것이다. 청정경제에서는 녹색기술에 기초한 환경친화 생산방식과 개발방식이 도입된다. 생태계를 보전하는 친환경농업인 생태농업이 영위된다. 생태주의 생활양식을 함양하는 것 또한 청정경제를 유지하는 조건이 된다. 환경파괴적인 개발을 통한 성장이 아니라 생태계 보전을 통한 성장이란 새로운 성장 패러다임이 실현된다.

이와 같이 창조경제－협력경제－청정경제가 결합된 '사람중심 선진경제' 는 시장만능주의－성장지상주의－자유기업주의를 이념으로 하는 신자유주의가 지배하는 경제에서는 실현될 수 없다. 왜냐하면 신자유주의의 자유시장경제에서의 고삐 풀린 시장이 인간과 자연을 파괴하고 인간과 인간의 관계를 적대적 경쟁 관계로 만드는 경향이 있기 때문이다. 다른 한편 '사람중심 선진경제'는 협력경제의 요소가 강하고, 창조경제와 청정경제의 요소는 미약한 기존의 사회민주주의에서도 건설되기 어렵다.

왜냐하면 종래의 사회민주주의는 주로 유효수요를 증대시키는 수요 측면의 정책에 집중하고, 인적자원 개발정책을 통해 노동자들의 직업 능력을 높이는 공급 측면 정책에는 소홀했으며, 환경파괴적인 대량생산 체제와 대량소비에 기반하고 있었기 때문이다. 따라서 '사람중심 선진경제'는 기존의 사회민주주의와 현재의 신자유주의를 모두 넘어서는 '제3의 길'을 통해 비로소 실현될 수 있다. 한국의 경우 사람중심 선진경제의 요소들을 거의 완전히 결여한 기존의 개발독재와 현재의 신자유주의를 모두 넘어서 한국형 제3의 길을 걷을 때 '사람중심 선진경제' 실현을 기대할 수 있을 것이다.

멋진 사람들의 위대한 대한민국 창조

2007년 대선은 우리나라가 '사람중심 선진 경제'에 기초한 '위대한 대한민국' Great Korea로 웅비하는가, 아니면 '자본중심 낡은 경제'에 기초한 '갈라진 한국' Divided Korea으로 정체하는가를 가르는 역사적 분기점이 될 것이다. 냉전사대주의, 중앙집권주의, 시장만능주의, 성장지상주의에 고착된 보수 세력이나 폐쇄적 민족주의, 단순평등주의, 정부만능주의에 집착하는 낡은 진보 세력은 '사람중심의 위대한 대한민국'을 실현할 수 없다. 평화통일을 추구하고 열린 애국주의와 애향주의로 글로벌화와 지방분권화를 동시에 지향하며, 양극화를 줄이고 생태계를 보전하는 '공생적 시장경제' 를 건설하고 시장 실패와 정부 실패를 동시에 극복할 수 있는 새로운 창조적 진보 세력만이 '사람중심의 위대한 대한민국' 건설을 주도할 수 있다.

2007년의 시대정신인 '사람중심의 위대한 대한민국' 을 구현할 수 있는 창조적 진보 세력이 대선에서 승리하느냐 아니냐에 나라의 장래가 달려 있다.

(김형기 경북대 교수 『2·28의 횃불』 2007년 11월호)